主编｜覃　剑

副主编｜刘　鹗　艾　兵

电力互感器
在线监测与评估技术

ONLINE MONITORING AND EVALUATION
TECHNOLOGY OF POWER TRANSFORMER

中国电力出版社
CHINA ELECTRIC POWER PRESS

内 容 提 要

电力互感器在线监测系统对于掌握电力互感器实际运行性能，供电企业提升运维效率和降低运维成本具有重要意义。

本书以国家能源大数据发展战略为导向，结合编者多年科研成果和生产经验编写，介绍了电力互感器在线监测及评估技术，涉及在线监测系统的各个关键环节。内容包括电力互感器的结构和原理、传感器技术、信号处理技术、数据传输技术、计量性能评估技术、绝缘性能在线监测及评估技术等。最后介绍了电力互感器在线监测评估系统应用实例，给出了详细的设计思路和方法，并对取得的数据进行分析。评估结果验证了本书涉及的相关技术的有效性和准确性。

本书反映当前电力互感器在线监测评估技术的实际应用情况及最新研究成果，适合电网企业、发电企业、电力互感器生产企业、电力技术培训机构、计量测试研究院和测控装置生产企业的技术和管理人员阅读参考。

图书在版编目（CIP）数据

电力互感器在线监测与评估技术 / 覃剑主编 . —北京：中国电力出版社，2020.12
ISBN 978-7-5198-4894-1

Ⅰ.①电…　Ⅱ.①覃…　Ⅲ.①互感器－在线监测系统②互感器－技术评估　Ⅳ.① TM45

中国版本图书馆 CIP 数据核字（2020）第 156030 号

出版发行：中国电力出版社
地　　址：北京市东城区北京站西街 19 号（邮政编码 100005）
网　　址：http://www.cepp.sgcc.com.cn
责任编辑：莫冰莹（010-63412526）
责任校对：黄　蓓　常燕昆
装帧设计：北京宝蕾元科技发展有限责任公司
责任印制：杨晓东

印　　刷：北京博图彩色印刷有限公司
版　　次：2020 年 12 月第一版
印　　次：2020 年 12 月北京第一次印刷
开　　本：710 毫米 ×1000 毫米　16 开本
印　　张：14.75
字　　数：296 千字
定　　价：88.00 元

编写人员名单

主　编　覃　剑

副主编　刘　鹍　艾　兵

参　编　陈贤顺　黄嘉鹏　史　强　罗睿希　张福州

　　　　　叶子阳　张杰夫　张　翔

前　言

电力互感器是电力系统中重要的一次设备，其测量值的准确性和可靠性关系着电力系统的安全稳定运行和贸易结算的公平公正。目前，电力互感器必须经过检定后方可投入运行，但离线检测的方式面临着停电计划难以申请、离线检测时效性差、无法反映运行中真实状态等问题。目前电力企业面临的生产经营压力越来越大，有着迫切的业务模式转型需求，可以预见，电力互感器质量管控方式由离线检测向状态监测转变是必然发展趋势。

2018 年 12 月，国家市场监督管理总局批复同意依托国家电网计量中心成立"国家能源计量中心（电力）"，目的是对能源数据价值进行充分挖掘和应用，为政府、企业和用户提供权威、准确的相关服务。国家能源计量中心的首要任务就是实现计量设备数据的监测。这意味着互感器在线监测评估系统在该领域将成为未来几年的热点，相关技术研发、设备研制及推广将得到极大重视。但目前相关技术主要停留在基础研究阶段，应用效果不甚理想，缺少有效的解决方案，技术书籍又比较匮乏。

本书编者来自国家电网有限公司电力互感器运行性能实验室，近十年以来，实验室一直致力于电力互感器在线监测和评估技术的研发和应用工作，并依托政府、国家电网有限公司及四川省电力公司的科技项目形成了 10 余项科技成果，拥有 20 余项自主知识产权，在四川省多个变电站进行挂网运行，应用效果显著，积累了丰富的运行经验。本书就是编者在十余年的技术沉淀和运行经验基础上提炼而成的，从感知层的传感器技术，到应用层的在线监测装置，再到平台层的大数据分析算法，都有涉及，内容丰富、翔实。大多数内容都属于创新性成果，学术价值较高，而且涉及的技术思路可以推广至其他电力设备的状态监测。

本书可使从业者对电力互感器在线监测系统有全面的认识，获取一定的理论知识，还能培养其分析和解决实际问题的能力，提升在线监测系统的设计、使用和运维能力，为电力互感器运行状态监测专业培养技术人才，有助于该状态监测技术的推广和进步。

由于技术迅猛发展，加之编者水平有限，书中疏漏和不妥之处在所难免，敬请广大读者批评指正。

编者

目 录
CONTENTS

第 1 章

概　述

电力互感器在线
监测与评估技术

1.1 互感器制造发展概况

1.1.1 互感器的技术发展

1831 年法拉第发现了电磁感应现象和电磁感应定律，把过去独立的电学与磁学两个研究分支有机地联系起来。这一发现使电力不再依赖于化学电池和静电感应产生，而是可以进行工业化生产。为了对电力的产生、传输和使用进行监测和控制，就需要测量电网的交流电压与电流。在 19 世纪的电学测量技术下，高电压使用电阻器变换为小电流测量，大电流使用分流器变换为小电流测量，交流电流通过电磁式或电动式仪表测量，这种基于直流量测量的回路不能把一次电气回路与二次测量回路隔离开来，容易发生设备和人身的事故，因此需要一种变换器，它可以按比例地变换一次侧的高电压与大电流，而且能有效地隔离两个回路的电气连接，也即互感器。

第一台电压互感器大致开始应用于 1879 年。电流互感器也在 1882 年设计出来，1885 年制成实用的电流互感器。

在互感器铁心材料方面，1900 年英国人荷德菲尔发明了硅钢片。在 1915 年以前互感器的铁心结构与电力变压器类似，采用 0.5mm 厚的铁片叠成铁心。铁镍合金磁性材料的研究和发展，使电流互感器的准确度得到很大的提高。1920 年研制成了一种在弱磁场下具有高磁导率的坡莫合金（含镍 78.5% 的铁镍合金）。尽管这种合金的研制原是为了其他用途，但是它的特性特别适用于制作电流互感器，因而成为制作电流互感器等弱磁场器件的重要材料。

在提高互感器的准确度方面，开始由于铁心材料的磁性能差，互感器的准确度低，因此，在研究互感器的工作原理的同时，研究了对互感器误差的各种补偿方法。

1.1.2 我国电力互感器技术现状

电网上使用的互感器，称为电力互感器或电力工程用互感器。

我国电力互感器制造的发展，经历了从建国初期的仿制，20世纪60年代的改型，到此后自行设计、逐步完善、提高、引进、消化、研制、开发，以适应我国市场的发展过程。

20世纪50年代初期，我国只生产油浸式高压互感器，基本上是仿苏制造的。直到20世纪50年代后期，沈阳变压器厂于1956年和1958年先后试制仿苏型220kV电磁式电压互感器和220kV电流互感器，从而结束了我国不能自行制造高压互感器的历史。

20世纪60年代初，我国互感器生产厂家逐渐增多，互感器行业开始走自行设计道路，为适应我国国情，促进技术进步，提高产品水平做了不少努力。

与此同时，我国电容式电压互感器的发展也很快，我国生产此类互感器最早在1963年，由西安电力电容器厂首先研制开发，开始是生产110～220kV电容式电压互感器，随后又分别于1970年和1980年完成330kV和500kV电容式电压互感器的试制工作。

20世纪80年代初，为提高产品的设计和制造技术水平，提高互感器运行可靠性，加快互感器的发展，我国互感器行业进行了产品质量整顿，同时引进发达国家的先进设计和制造技术，逐步和国际接轨。20世纪八九十年代我国互感器制造取得了长足的进步，主要有以下标志。

1.500kV 及以下电压等级电压、电流互感器形成完整系列

如形成固体、油浸、SF_6气体多种绝缘产品系列，高电压、大电流具有暂态性能的电流互感器系列，具有高动、热稳定的电流互感器系列，具有高精度的测量绕组和保护绕组分开的串级式电压互感器和单级式（油箱式）电压互感器系列，具有高精度、大容量的母线用电容式电压互感器系列等。

2.设备技术参数逐步发展提高

如220～500kV电流互感器额定电流达3000～5000A，热稳定达50～63kA（3s），

动稳定达 125~160kA，测量级精度达 0.2 和 0.2S 级，保护级达 5P 级或 TP 级。

220~500kV 电容式电压互感器准确级达 0.2 级，总输出容量 250~400VA，瞬变响应二次剩余电压达 5% 以下。

3. 向无油化、小型化、免维护方向发展

近年来，基于 SF_6 气体绝缘的高压互感器得到了大规模的应用。20 世纪 90 年代中期我国西安高压开关厂和上海互感器厂相继开发了独立式 SF_6 电流互感器，随后扩展到 500kV 电压等级。根据形势发展，目前有较多专业厂商开始转向 SF_6 气体绝缘产品的生产，以适应城网供电系统的需求。

由于不可燃、机械强度好和免维护等优势，树脂绝缘互感器早已占领我国 35kV 及以下户内型互感器的市场。根据需要，现已发展为全工况户内互感器系列，并正在向户外型发展，更高电压等级如 110kV 及以上的电流互感器则是向以氟塑料为内绝缘的复合绝缘干式互感器方向发展。

4. 运行可靠性逐步提高

20 世纪 90 年代以来，由于我国互感器产品质量的不断完善，互感器运行可靠性逐年提高。统计表明，我国 110kV 及以上互感器事故率呈稳中有降趋势。互感器运行可靠性的提高，与近年来制造厂采用金属膨胀器密封、电力系统加强技术监督、对油中溶解气体检测和红外测温技术不断推广应用相关。

不可否认，目前我国高压互感器制造行业虽然取得了不少成果，但制造质量和技术水平，还不能完全满足电力系统不断发展的需要，与国外发达国家产品相比，仍存在一定差距。为此，各互感器制造企业还需重视新技术和新产品的开发，戒骄戒躁，共同努力，推动行业的高质量发展。

1.2 电力系统对互感器要求

电力互感器是电网中的重要电气设备，在发电厂和变电站中，互感器是接在母线上的电器，一旦发生事故，往往会造成大面积停电，甚至酿成系统事故；互感器爆炸，必然危及周边设备，也包括对人身安全的威胁，后果是

非常严重的。因此，提高互感器运行可靠性、减少事故发生是非常必要的。

1.2.1 互感器绝缘安全可靠

电力互感器的绝缘，应保证在电网最高工作电压（设备最高电压）下长期安全运行，并能承受各种过电压（如暂时过电压、操作过电压、雷电过电压等）的短时作用而无损伤。为满足上述要求，电力互感器的绝缘水平设计应严格按照国家标准（或用户要求）进行，对互感器要严格控制局放水平和对外绝缘爬电距离，不论是户外还是户内产品，均应符合环境污秽条件要求。

1.2.2 密封切实可靠

电力互感器密封不良，如发生漏油、漏气、进水受潮，均会引起互感器损坏甚至爆炸事故，在事故统计中所占比例很大，因此成为多年来运行部门关注的焦点。新产品由于采用了金属膨胀器密封，因而运行情况大有改善，但还存在一些薄弱环节，如一二次端子渗漏油和膨胀器质量不良等。通过预防性试验发现有些互感器存在介损、含水量超标和绝缘电阻下降，SF_6 互感器工艺不良、表面不洁、气体湿度增长较快等，如有疏忽极易酿成事故。对此，制造厂还需在密封设计、材料选型和制造工艺等方面进一步努力改进和切实予以解决。

1.2.3 温度设计可靠

电流互感器在通过最大工作电流（额定连续热电流）时，互感器各部位的温度不应超过允许值，以保证安全运行。当前存在的较突出问题是常见引线端子内外接头接触不良造成发热故障，轻则温度异常，造成色谱不良，重则接头烧毁，甚至造成整台互感器损坏。对电压互感器而言，则要求切实做到在系统发生接地故障时，在规定的过电压倍数（额定电压因数）下和允许持续时间（额定时间）内，各部位温度不应超过允许值，以确保设备安全。

1.2.4 热动稳定可靠

电流互感器的选型，应按一次母线短路时的短时热电流和动稳定电流选择。电流互感器通过电流时，其电动力与一次安匝数的平方成正比，对小电流变比互感器而言，根据设计需要，一次绕组往往匝数较多，受材料强度限制，对应较多匝数的互感器将出现较小的允许动稳定电流，因而难以满足电网日益增大的母线短路容量的要求，制造厂对此需设法研究解决。对电压互感器而言，则是确保在额定一次电压下，二次侧发生短路并历时 1s 时间内，互感器无热效应和机械性损伤。

1.2.5 限制谐振过电压发生

据历年统计电压互感器因谐振过电压引起损坏事故数量较多。以往主要发生在电磁式电压互感器上，一般是铁心磁密选用过高和匝绝缘薄弱等所致。目前一方面制造厂改进设计并提高制造质量，而且运行单位在倒闸操作方式上也充分注意避开产生谐振的可能条件，因此此类故障已逐渐减少。值得注意的是，近年来电力系统所采用的电容式电压互感器，出现自身谐振问题，造成了较多过电压损坏事故，给电力系统带来了新的难题。

1.3 在线监测技术发展概况

1.3.1 在线监测技术的发展

为了及早发现设备绝缘劣化，以往电力系统采取定期停电检修的方法。这种方法对于提前发现设备缺陷、减少事故发生曾发挥了巨大作用，但也存在很多不足，已难以满足电力系统的实际需要，主要表现在以下几点：

（1）传统预试都是在停电后进行的，非破坏性试验（绝缘特性试验）的试验电压远低于运行电压，因此不易发现缺陷，以致曾多次发生预试合格的电气设备在运行中烧坏和爆炸的事故，而破坏性试验（绝缘耐压试验）又可能给绝缘造成损伤。

（2）由于传统的停电预试大多执行定期维修制，因此一方面可能不能及时发现设备短期内发展起来的故障，另一方面对没有故障的设备也是"到期必修"，不但影响设备的正常运行，还导致人力、物力和财力的浪费。

（3）试验结果与电气设备的运行状况、气象条件有很大关系。为了测得准确结果且便于分析比较，预防性试验一般应在相对湿度低于65%、温度20 ℃条件下进行。因此，预防性试验的时间太集中，难以安排线路和设备停电进行试验。此外，传统的绝缘预防性试验通常完全是由试验人员人工操作的，自动化水平低、工作量大，实验结果很容易受人为因素的影响，真实性较差。

由于传统预防性试验和定期检修体制的上述不足，随着科技不断进步，国际上许多发达国家，如美国、日本、瑞典，从早期的事后维修和定期维修逐步发展到状态检修（condition based maintenance），即实时监测设备的绝缘状况，然后根据其自身特点及变化趋势来确定维修策略。实现状态检修的前提条件是实现电气设备绝缘状态的在线监测，只有通过各种手段及时、准确地掌握运行设备的绝缘状况，才能确定检修时间和检修策略。

早在1951年，美国西屋公司的John S. Johnson针对运行中发电机因槽放电的加剧导致发电机失效，提出并研究了运行条件下监测槽放电的装置，这可能是最早提出的在线监测思想。从那时开始在线监测发展到现在已经历了几十年的时间。在线监测的发展大致分为三个阶段：

（1）带电测试阶段。从20世纪70年代开始，人们为了避免停电检修带来的不必要的经济损失，对电气设备的某些参数（主要是泄漏电流）进行直接测量，当时测量装置结构简单，灵敏度差，应用范围小，没有得到推广。

（2）数字化测量阶段。从20世纪80年代，利用传感器将被测信号转化成数字信号，出现了各种专用的带电测试仪器，使在线监测由传统的模拟测量提升到数字化测量。

（3）多功能监测系统阶段。从20世纪90年代开始，出现了以数字波形采集和处理技术为核心的多功能在线监测系统。利用先进的传感器、计算机技术、先进的处理器等高新技术，综合以模糊理论、专家系统、神经网络等智能技术，可以实现在线监测系统的智能化、自动化、实时化、网络化。

经过二十多年的探索实践和发展，国内外已形成相对成熟应用于输变电设备的带电检测技术，如变压器、GIS、断路器设备局部放电，油色谱分析，红外测温，避雷器泄漏电流监测，电容性设备电容量及介质损耗带电测试等。美国针对油中溶解气体分析、超声波探测、局部放电检测、红外测温等对试验数据运用模糊逻辑进行处理，通过分析判断对问题缺陷提出处理建议。日本 20 世纪 80 年代开始进入以状态监测为基础的预知维修时代，积累了大量数据与经验，逐步形成一些标准和较成熟的方法，如变压器寿命诊断上用温度特性、局部放电、纸的抗拉度、聚合度、$CO+CO_2$ 等来预测剩余寿命。国内研发的红外线成像技术、油色谱分析、局部放电、绕组变形、污秽泄漏电流等在线监测技术逐渐应用到主要的变电设备中，数字信号处理技术、人工神经网络、专家系统、模糊集理论等也逐步应用到变电设备故障诊断中，成为电力系统中的一个重要研究领域。

1.3.2 在线监测的原理

1. 局部放电监测及三维定位

电气设备的局部放电对电气设备的绝缘会产生不同程度的影响，严重情况下会导致绝缘介质击穿、设备故障，局部放电量水平的明显增加，局部放电的在线监测是发现潜在绝缘故障的有效手段。电气设备内部发生的每一次放电均会产生机械脉冲，脉冲透过油及内部变压器结构传播。这些机械脉冲可以借助安装在变压器缸壁的压电转换器转换为电压信号而被监测。三维定位系统透过环绕变压器缸壁外的多组感应器，可测量局部放电信号的抵达时差，从而确定局部放电的来源。变电设备局部放电检测方法有脉冲电流法、DGA 法、超声波法、RIV 法、光测法、射频检测法和化学方法等。声—电联合、声—光联合等综合检测技术成为局部放电监测的主流方向。

2.油色谱在线监测

油色谱在线监测是诊断充油设备潜伏性故障的有效方法。当出现异常或故障时，变压器内部的绝缘油在热和电的作用下逐渐分解出氢气（H_2）、一氧化碳（CO）、甲烷（CH_4）、乙烷（C_2H_6）、乙烯（C_2H_4）、乙炔（C_2H_2）等气体，通过在线实时分析气体的类别、浓度及变化趋势，判断变压器可能存在的潜在故障。油色谱分析的过程是从油样中取出混合气体，再将混合气体分离为要求的气体成分，通过各种气敏传感器将各种气体的含量转换为电信号，经 A/D 转换后将信息上传，通过分析方法来判断运行状态。在变压器油气相色谱分析过程中，从油中取出气体是一个重要环节，英国中央发电局（CEGB）认为产生测量误差的原因多半是在脱气阶段，IEC 标准要求油中脱气效率应达到97% 以上。分析方法一般分为三组分法和全组分法两种。三组分法使用渗透膜进行油气分离，气敏元件做传感器，一般适合于早期预警；全组分法适合于早期预警以及故障发展趋势的连续检测，适合于色谱发现异常需要跟踪的测试。

3.介质损耗和泄漏电流监测

介质损耗在线监测的按照实现方式不同主要分为硬件法和软件法两类。硬件检测方法，就是依靠电子线路来实现的。主要有过零电压比较法等为代表。软件的检测方法，即将监测得到的数字化电流 i 和参考信号比较测得 δ，然后通过 δ 计算得到 $\tan\delta$。软件检测方法中参考信号有两种不同的取法，第一类方法叫绝对测量法，这类方法以被测试品两端的电压 $\dot{U}$ 为参考信号，先测出 i 与 $\dot{U}$ 之间的夹角 ψ，再根据公式 $\delta=\pi/2-\psi$，计算出 δ。这种情况下电压信号一般取自 TV 的二次侧。第二类方法称为间接法，以现场一台绝缘完好并且运行稳定的同类设备的总电流作为参考信号。因为参考设备的介质损耗非常小，所以 $\tan\delta$ 极小。这样容性电流就非常的接近总电流，参考设备电流与被测设备的电流之间的夹角就可以近似的认为是 δ。由于参考设备和被测设备在同一环境中，受到的电磁场干扰和气候条件的影响等其他因素的影响是非常相近的。所以可以认为环境导致 $\tan\delta$ 的变化量基本一致的。所以参考设备之叫的相对值就保持不变，所以这样就可以基本忽略环境因素的影响。但是这种方法有如下缺点：如果参考设备出现故障就会导致参考电流的不准确，进而导致测量出来的很大的误差，可能导致误判；这种方法无法对单一设备进行测量，测量的结果都是相对值，无法测得设备的绝缘损耗的绝对值。

4. SF_6 监测

SF_6 因为其高效的绝缘性能在电力系统中得到了广泛应用，高压断路器、互感器、GIS、PASS MO 都广泛采用 SF_6 作为灭弧和绝缘气体。SF_6 维持设备的绝缘水平和保证优良的灭弧能力，若设备发生泄漏引起 SF_6 气体密度降低，设备的电气性能会大大下降，如开关设备的耐压强度降低，或断路器的开断容量下降。当环境温度变化时，在泄漏部位会出现"呼吸"现象，环境中的水分会进入设备内使 SF_6 气体的湿度增大而影响电气性能甚至引发安全事故。目前 SF_6 气体的在线监测的主要项目有气体密度、气体泄漏、气体微水含量等。

5. 红外测温监测

红外测温监测为非破坏性测试，可在设备带电时动态监测电气设备的热故障点，为设备状态检修提供技术依据。无论是电流致热型、电压致热型或其他致热效应的设备，只要表面发出红外辐射不受阻挡的输变电设备都属于红外诊断的有效监测范围，如输电线路、变压器、断路器、隔离开关、互感器、电力电容器、电抗器、避雷器和电力电缆等。

1.3.3 在线监测亟须解决的问题

变电设备在线监测技术虽运行多年，但相对于传统的离线方法及仪器而言，它毕竟还没那么成熟和完善，且运行现场条件较差、获取的传感信号微弱、电磁干扰和稳定性设计不足以及相关诊断标准缺乏等，导致系统运行稳定性亟待提高。为此，相关科研单位、生产厂家、电网公司等正在积极开展研究，努力提高在线监测的实施效果。亟须解决以下问题：

（1）标准规约有待统一。目前开发和生产在线监测装置的厂家较多，产品种类也较多，但大多数产品在技术标准、接口规约上存在各自为政、不尽统一的情况。近年来运行状况表明，产品质量暴露出问题，特别是系统安装后缺乏足够的技术力量维护，造成部分系统运行分析相对滞后、信息上传不通畅。CIGRE、IET、IEEE等已成立小组展开工作，包括系统设计、产品选择、运行导则、投资计算等。国家电网有限公司颁布了 Q/GDW168—2008《输变电设备状态检修试验规程》等七项公司技术标准，其他相关标准也在积极起草中，对变电设备的技术发展起到重要的作用。

（2）传感器稳定性和可靠性有待提升。传感器是实现预测性维修的重要手段，也是一个长盛不衰的研究热点。因为故障诊断技术的发展首先决定于能否获取丰富的并且准确可靠的信息，这是数据处理和诊断决策的基础。目前由于应用场所存在高温、高湿和电磁干扰等问题，传感器稳定性是制约在线监测技术发展的一个关键因素，原来一些用于军事方面的传感技术已有一部分移植到电气设备的状态监测上来，如光纤传感器等。目前研究重点就是发展集成化、阵列化、智能化的传感器和电压敏、热敏及气敏等敏感元器件产品。除传感器本身的问题外，需要研究的还包括传感器在监测领域中应用的可靠性和精度问题。

（3）状态特征库需要进一步完善。在线监测就是定量检测变电设备的绝缘、电气、机械等性能参数，掌握其运行状态，判定产生故障的部位和原因。因此，获取诊断信息方法的确定和测量参数选择的正确与否就成为故障诊断工作成败的关键。经过多年的输变电设备运行维护，尤其是预防性试验积累的经验，人们对输变电设备的状态参数已有了较多的了解，但如何获取反映设备运行状态的参数需进一步研究。

（4）干扰信号的屏蔽技术有待提升。电气设备中干扰信号是多种多样的，按频带可分为窄带干扰和宽带干扰，而按其时域波形特征可分为连续的周期型干扰、脉冲型干扰和白噪声干扰三类。这些都影响设备诊断的准确性，数字信号处理在电气设备在线监测中的地位尤为重要。过去用频谱来区分故障类型的方法有很大的局限性，许多不同类型的故障信号频谱往往有一部分甚至大部分是重叠的，在频域内很难加以区分。现在常用的方法有模糊识别神经网络、专家系统、小波分析、分形维修分析等。

（5）故障诊断方法仍需改进。电力系统的结构和设备愈加复杂化、多样化，故障征兆与原理之间关系模糊复杂，一个故障可表现出多种征兆，多个故障起因也可能同时反映出一个故障征兆，如何准确地进行故障诊断需要新技术、新方法的介入。对于复杂的设备如变压器、大型开关柜等，故障关系较为复杂，简单的判断是不能满足实际要求的，需要大量的规则、知识，甚至还伴随着许多模糊关系。因此，需要采用将精确性向模糊性逼近的模糊集的数学方法来处理这些模糊现象。状态监测为计算机智能技术在故障诊断中的应用提供了可能，专家系统与人工神经网络系统通过监测系统的数据分析与处理，将知识、经验规则模型化，综合各类信息快速准确地诊断出故障。

（6）复杂大系统可靠性评价技术难题有待攻克。实现输配电设备的状态检修的研究与实践是一个复杂的系统工程，复杂大系统可靠性评估是智能电网在线监测技术中的关键技术，也是可靠性工程的重要组成部分，可靠性评估是根据产品的可靠性结构、寿命模型及试验信息，利用统计方法和手段，对评价产品可靠性的性能指标给出估计的过程。在可靠性评估领域，对复杂大系统的可靠性评估一直是重大难题之一。主要由于费用高和试验组织难度大等方面的原因，不可能进行大量的系统级可靠性试验，而只能利用单元试验信息，如何充分利用单元和系统的各种信息对系统可靠性进行精确的评估是相当复杂的问题。

变电设备在线监测技术在国家电网有限公司的应用已经比较广泛，部分监测系统在某些省电力公司的某些电压等级的设备上已经普遍推广使用，如油中溶解气体在线监测、电容型设备介质损耗与电容量监测、氧化锌避雷器泄漏电流监测等，并取得一定的效果。在线监测系统在发现被监测主设备的缺陷方面，发挥了其他手段难以承担的作用，即及时、有效地发现设备缺陷，预防设备的突发性故障，为主设备的安全运行起到了较好的保障作用。另一方面，由于在线监测系统本身尚没有全面纳入运行设备的管辖范围，因此在选型、检验和运行维护管理方面缺乏规范的手段和依据，部分劣质在线监测系统由于检验不严流入网内，发生误报、拒报等，给电网的运行管理带来不利影响。

因此，建议按照安全效益的原则确定被监测的输变电主设备，选择可以真实灵敏地反映设备状态的监测参数，选用成熟可靠的在线监测系统。将新的监测手段与传统预试项目相结合，停电试验与在线监测相结合，继承发扬传统故障诊断的成熟经验，并在实践中研究和探索新的故障诊断的方式、方法，有效提高故障判断的准确性，在线监测技术将会在应用中不断成熟和发展。

第 2 章

电力互感器的结构和原理

2.1 电流互感器

2.1.1 电流互感器的基本结构

目前我国生产的电流互感器都是电磁式电流互感器，该类互感器一般有一个铁心，在铁心上绕有一次绕组和二次绕组，在两个绕组之间以及绕组与铁心之间都有绝缘隔离，如图 2-1 所示。这些结构组合在一起统称为铁心绕组，是电流互感器的基本结构。最简单的铁心绕组只有一个铁心和一个二次绕组。将铁心绕组加以固定，或装在一个外壳内，并将绕组的出线头固定在接线端钮上，就成为一个电流互感器。为了提高电流互感器的准确度，一般对电流互感器的误差进行补偿，则有的互感器会另绕制辅助绕组或加入辅助铁心。

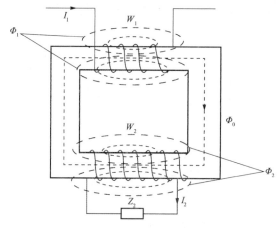

图 2-1 电磁式电流互感器的结构

1. 铁心

当前电流互感器常用的铁心材料有冷轧硅钢片、坡莫合金和铁基超微晶等。硅钢片既适用于保护级铁心，也适用于一般测量级铁心，应用普遍，价格低廉；坡莫合金和超微晶合金材料具有初始导磁率高、饱和磁密低的特点，但价格较高，只宜用于要求测量精度较高、仪表保安系数要求严格的测量级铁心。

电流互感器常用的铁心有方形（叠片铁心）、圆环形、开口铁心等，如图2-2所示。

（1）方形，也就是叠片式。由冷轧硅钢片沿辗轧方向（磁感线方向）被冲剪成条料，再将条料叠积而成，形成口字形。这种铁心的优点是绕制方便，绕组可以预先在绕线机上绕制好，再插入硅钢片铁心。缺点是铁心叠片间存在气隙，磁性能差，绕组漏磁大，叠片安装也比较麻烦，主要用于35kV及以下的电流互感器。

（2）圆环形铁心。由带状冷轧硅钢片卷制而成，形状有圆环形、椭圆形和矩形多种。这种铁心的优点是结构上没有气隙，磁性能好，卷制也方便。如果在铁心上均匀绕制绕组，则漏磁很小。因此精密电流互感器及35kV及以上的电流互感器普遍采用。

（3）开口铁心，也称带气隙铁心。将卷铁心经真空浸漆或环氧树脂固化后，再在切割机床上切成两瓣或多瓣，在切口处垫以满足气隙要求宽度的非磁性垫片后，再用不锈钢带绑扎成一个完整的铁心。开口铁心主要用于要求暂态特性的电流互感器上。

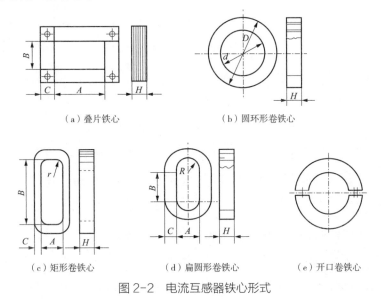

（a）叠片铁心　　　　　　　　（b）圆环形卷铁心

（c）矩形卷铁心　　　（d）扁圆形卷铁心　　　（e）开口卷铁心

图2-2　电流互感器铁心形式

卷铁心不如叠片铁心那样可以方便地增减片数以调节铁心的有效截面，一般用控制铁心质量的方法来达到控制铁心的有效截面的目的。

为了消除由于剪切、卷绕甚至搬运过程所受机械力对铁心导磁性能的影响，所有电流互感器用铁心都要进行退火处理，退火工艺包括升温、保温和降温三个步骤，一般退火温度为 750~800℃，应采取措施防止退火时铁心氧化。

对坡莫合金、超微晶合金等软磁材料，铁心退火后还要用模具固定，如装在压塑盒合金冲制盒中，铁心与盒间须衬以 1~2mm 厚的缓冲材料。

2. 绕组

（1）一次绕组。电流互感器的一次绕组结构一般有穿心式和固定式两种。

穿心式电流互感器在电流互感器的中心留个窗口，使用时连接导线从窗口穿过，同时作为互感器的一次绕组。由此可见，穿心式电流互感器本身没有一次绕组，而是在使用时根据实际需要临时绕制一次绕组，临时绕制绕组的匝数不宜过多。穿心式电流互感器制造比较简单，使用也很方便。但由于穿心导线在窗口的位置不固定，互感器的性能不够稳定。

固定式电流互感器的一次绕组和二次绕组的出线头都固定接在面板的端钮上。固定式绕组又分为单匝式、线圈式、8 字形和 U 字形等。另外一次绕组根据组合根数不同可分为 2 段或 4 段，组成一次绕组的串、并联方式，以实现串、并联换接，得到多种电流比。

电流互感器的一次绕组导体材质常采用电工用铜或电工用铝。

浇注式电流互感器一次电流较小、匝数较多时，采用圆导线或扁导线，导线外带绝缘，如漆包线、玻璃丝包线、纸包线等；电流较大、匝数较少时，则采用裸母线、裸铜带制造一次绕组，成型后再包聚酯薄膜 0.15~0.2mm 厚的匝绝缘。

浇注式电流互感器常见的一次绕组形状及出线方式如图 2-3 所示。

高压电流互感器常见的一次绕组形状如图 2-4 所示。倒立式电流互感器常采用管状导体作为一次绕组，电流较小时则采用软电缆以便绕制。

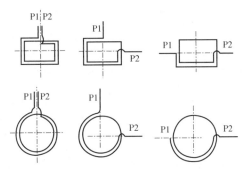

图 2-3　浇注式电流互感器一次绕组形状及出线方式

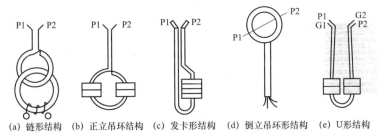

(a) 链形结构　(b) 正立吊环结构　(c) 发卡形结构　(d) 倒立吊环形结构　(e) U形结构

图 2-4　高压电流互感器常见的一次绕组形状

　　高压互感器一次电流较小时，一次绕组可用几根裸铜线并联，再包匝绝缘，按规定根数组合后充填成圆形，再包主绝缘，如图 2-5 所示。

　　由扁铜线组成的一次绕组根据组合根数不同可分为 2 段或 4 段，组成一次绕组串、并联方式，以实现串、并联换接，得到多种电流比。当一次电流较大时，一般采用铝管或铜管，按要求进行煨弯成型后，将铝管或铜管切成两半，如图 2-6 所示。进行双半圆管线芯的匝绝缘包扎后，把两个半圆管合成整圆，用布带稀绕一层扎紧，以备包扎主绝缘。这种互感器的每个半圆就

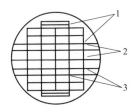

图 2-5　扁铜线一次绕组断面图

1—绝缘；2—导线；3—匝间绝缘

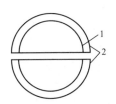

图 2-6　半圆铝管一次绕组断面图

1—半圆铝管；2—匝间绝缘

是1匝，整圆等于2匝，2匝导线共有4个出头，引出后可实现串、并联换接，得到两种电流比。

一次绕组的匝绝缘，对于35kV以下的干式及浇注式互感器，用导线本身的绝缘；对于35～63kV的油浸式互感器，采用ZB-0.5的纸包线；对于110kV及以上的油浸式互感器，采用单侧包绕厚度不小于0.72mm的纸绝缘即能满足要求。

（2）二次绕组。电流互感器的二次绕组可分矩形绕组和环形绕组两种，矩形绕组用于叠片铁心，环形绕组用于卷铁心。

环形绕组导线绕在预制的骨架上，骨架分有端板和无端板两种，骨架材料用酚醛塑料或工程塑料做成，通过骨架装入铁心。环形绕组导线直接绕在包有铁心绝缘的卷铁心上，绕线时二次导线一般沿圆周均匀排列，有时为了保证误差，也人为地绕成不均匀排列，一层不能绕完时可绕多层，层间绝缘对油浸式互感器一般以0.05mm皱纹纸带半叠两层包扎，对干式或树脂浇注互感器则宜用0.1mm聚酯薄膜半叠两层包扎。绕组的外包绝缘则用皱纹纸半叠三层，再用斜纹布带半叠一层扎紧，或用0.1mm×20mm玻璃丝带半叠一层扎紧。环形二次绕组如图2-7所示。

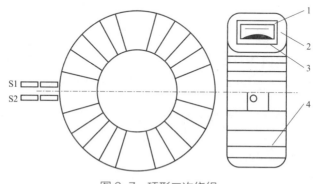

图2-7 环形二次绕组

1—卷铁心；2—铁心绝缘；3—绕组；4—外包绝缘

二次绕组导线一般采用铜线，对油浸式互感器常采用QQ型缩醛漆包线；对于干式、浇注式和SF_6互感器常采用QZ型聚酯漆包线。二次导线的引出一般采用原导线，当引出线较长时可焊接软铜线引出。

为方便从二次绕组改变电流互感器变比，目前很多二次绕组都引出中间抽头，如图 2-8 所示。

链形绕组和倒立式互感器二次绕组，还应把多个二次绕组组合在一起，进行主绝缘包扎。

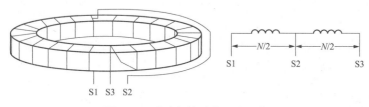

图 2-8　有中间抽头的二次绕组

2.1.2　电流互感器主要技术参数

1. 型号

我国规定用汉语拼音字母组成电流互感器型号，按字母顺序分别表示结构类型、绝缘方式及用途。

电流互感器的型号如下所示：

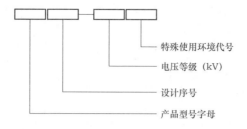

特殊使用环境代号
电压等级（kV）
设计序号
产品型号字母

电流互感器产品型号字母的含义见表 2-1。

表 2-1　　　　　电流互感器产品型号字母的含义

字母排列顺序	代表字母及含义
用途	L—电流互感器；HL—仪用电流互感器
结构型式	D—贯穿式单匝；F—贯穿式复匝；M—贯穿式母线型；R—装入式（套管式）；Q—线圈式；C—瓷箱式；Z—支柱式；Y—低压型；K—开合式；V—倒立式

续表

字母排列顺序	代表字母及含义
线圈外绝缘介质	Z—浇注绝缘；C—瓷绝缘；W—户外装置；G—空气（干式）；Q—气体；K—绝缘"壳"
结构特征及用途	D—差动保护；B—过流保护；J—接地保护或加大容量；S—速饱和；G—改进型；Q—加强型
油保护方式	N—不带金属膨胀器

另外还有一些代表特殊使用环境的代号：

（1）高原地区代表符号：GY。

（2）污秽地区用代表符号：W1、W2、W3，表示不同污秽等级。

（3）腐蚀地区用代表符号：户外型为W、WF1、WF2，户内型为F1、F2，表示不同腐蚀强弱程度。

（4）干热、湿热带地工区用代表符号分别为TA、TH，干湿热带通用代表符号为T。特殊使用环境代号占两项时，如高原、污秽地区用，两项字母中间空格。

2. 电流互感器标志

接线端子需有标志，标志应位于接线端子表面或近旁且应清晰牢固，标志由字母或数字组成，字母均为大写印刷体。如图2-9所示，标志内容如下：

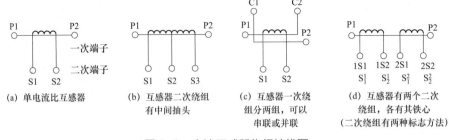

图2-9 电流互感器绕组接线图

（1）一次端子：P1、P2。

（2）一次绕组分段端子：C1、C2。

（3）二次端子：S1、S2（单电流比）或S1、S2（中间抽头）、S3（多电流比），如互感器有两个及以上二次绕组，各有其铁心，则可表示为 1S1、1S2、2S1、2S2 和 3S1、3S2 等。以上所有标有 P1、S1 和 C1 的接线端子，在同一瞬间具有同一极性。

3. 铭牌参数

GB 20840.2—2014《互感器　第 2 部分：电流互感器的补充技术要求》规定，电流互感器铭牌应有型号、标准代号、设备最高压、额定电流比、额定输出和相应的准确度等级、额定动、热稳定电流等参数。

（1）制造厂名（应同时标出地名）。

（2）型号或序号，最好两者均有。

（3）额定一次和二次电流。一般应表示为额定一次电流 / 额定二次电流（A）。当一次电流为分段式，通过串、并联得到几种电流比时，表示为一次绕组段数 × 一次绕组每段的额定电流 / 额定二次电流（A），如 2×600/5A。当二次绕组具有抽头，以得到几种电流比时，应分别标出每一对二次出线端子及其对应的电流比，如 Sl—S2，300/5A；Sl—S3，600/5A 等。

（4）额定频率。

（5）额定输出、相应准确度等级以及其他有关附加性能数据。如仪表保安系数、扩大一次电流值、额定准确限值系数等。准确度等级和仪表保安系数应标在相应的额定输出之后（如 15VA，0.2 级，FS10）；额定准确限值系数应在其额定输出及准确级后标出（如 15VA5P20）；具有额定扩大电流值的电流互感器，其标志应紧接准确级之后标出（如 15VA，0.2 级，扩大值 150%）。

（6）设备最高电压。

（7）额定绝缘水平。

（8）额定短时热电流方均根值（kA）和额定动稳定电流峰值（kA）。对于一次绕组为分段式的多电流比互感器，应分别标出与各种一次绕组连接方式相对应的额定短时电流值，数值之间以短横线"–"隔开，如额定短时热电流 30.5-45kA，额定动稳定电流 80～115kA。

（9）绝缘耐热等级（A级绝缘不标出）。

（10）带有两个二次绕组的互感器，应标明每一绕组的用途及其相应的端子。

（11）设备种类。户内或户外，如互感器允许使用在海拔高于1000m的地区，还应标出允许使用的海拔。

（12）互感器总质量及油浸式互感器的油质量。

（13）二次绕组排列示意图（U形、电容型结构）。

（14）制造年月。

（15）互感器名称。

（16）标准代号。

4. 额定电流比

电流互感器使用时，一次绕组串联接在被测电流的线路上，二次绕组接测量仪表或继电器，原理线路如图2-10所示。

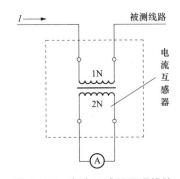

图2-10 电流互感器原理线路

被测线路的电流通过电流互感器一次绕组1N，该电流叫一次电流I_1；二次绕组2N产生的感应电流，叫二次电流I_2，通过测量仪表和继电器。

电流互感器最主要的参数就是电流比。电流互感器的实际电流比K_1是实际一次电流与实际二次电流之比

$$K_1 = I_1/I_2 \tag{2-1}$$

为了生产和使用方便，电流互感器的一次电流和二次电流都规定有标准

（额定值），即额定一次电流和额定二次电流。额定电流就是指在该电流下，绕组可以长期通电而不被烧坏。当绕组的电流超过额定电流时，叫作过负荷，长期过负荷运行，会烧坏绕组，或降低互感器的寿命。

额定一次电流 I_{1N} 与额定二次电流 I_{2N} 之比，就叫作额定电流比，用 K_N 表示，简称电流比，一般电流互感器的电流比都是指它的额定电流比，即

$$K_N = I_{1N}/I_{2N} \qquad (2\text{-}2)$$

略去电流互感器误差不计时，实际电流比就等于额定电流比，即

$$K = K_N = I_{1N}/I_{2N} \qquad (2\text{-}3)$$

如果电流互感器的铭牌上标明电流比为 100/5，不仅说明电流互感器二次电流乘以 20 倍就等于一次电流，而且其一次绕组允许长期通过的电流为 100A，二次绕组允许长期通过的电流为 5A。因此电流比 100/5 不能写成 20/1，这是因为 20/1，说明互感器的额定一次电流为 20A，额定二次电流为 1A，与 100/5 比值虽同而实际意义不同。因此额定电流比规定用不约分的分数表示。

5. 负荷和容量

电流互感器的负荷就是指电流互感器二次侧所接仪表、继电器和连接导线的总阻抗，它包括这些仪表或继电器的阻抗，以及连接外接负荷与连接点的接触的全部阻抗。

电流互感器的负荷与电流互感器所接的一次线路上的负荷没有任何直接关系。只要电流互感器的二次侧接线不变，不管一次线路上的负荷如何变化，电流互感器的负荷都不变。由于电流互感器二次侧接线是随着线路的要求而改变的，所以每个电流互感器的实际负荷都不相同，为了制造和使用的方便，对负荷的标准值作了规定，称为电流互感器额定负荷。

电流互感器的额定容量是指电流互感器在额定电流和额定负荷下运行时二次侧所输出的容量。额定容量 S_N 和额定负荷 Z_N 之间的关系，可以用式（2-4）来表示

$$S_N = I_{2N}^2 Z_N \qquad (2\text{-}4)$$

对于绝大多数电流互感器，额定二次电流 $I_{2N} = 5A$，因此

$$S_N = 5^2 Z_N = 25 Z_N （VA）\tag{2-5}$$

这就是说，额定容量与额定负荷之间只差一个系数。额定容量和额定负荷一样，都是说明电流互感器二次侧允许连接的各种仪表和继电器（包括连接导线和接触电阻）的全部等效串联阻抗，因此额定负荷也可以用额定容量伏安数表示。

6. 额定电压

电流互感器一次绕组是串联在线路上的，所以电流互感器的额定电压并不是电流互感器一次绕组两端的电压，而是电流互感器一次绕组对二次绕组和对地的绝缘电压，即一次绕组长期对二次绕组和地能够承受的最大电压（有效值），说明了电流互感器一次绕组的绝缘强度，与电流互感器的额定容量没有任何直接关系。

电流互感器的额定容量只与额定负荷有关，与电流互感器的额定电压无关。如果按照变压器容量的概念来理解电流互感器的容量，认为额定容量为额定电压与额定电流的乘积，那显然是错误的。这是因为变压器的额定电压就是变压器一次或二次绕组的额定电压，而电流互感器的额定电压，既不是它一次绕组的电压，也不是它二次绕组的电压。

电流互感器二次绕组电压（指二次绕组两端的电压），等于二次电流和二次负荷的乘积。改变电流互感器的二次负荷时，二次电流基本不变，二次绕组的电压随二次负荷的变化呈正比变化，电流互感器一次绕组电压（指一次绕组两端的电压）也相应地随着二次绕组电压变化。由于电流互感器运行在短路状态，绕组内阻抗压降很大，以致一次绕组电压与二次绕组电压的比例关系也不完全是固定不变的。因为电流互感器一次绕组和二次绕组电压都随着二次负荷的改变而改变，所以在所有电流互感器中都不标明一次绕组和二次绕组电压。在电力系统中所用电流互感器，电流比都大于1，一次绕组电压一般都小于二次绕组电压。

7. 动、热稳定电流

电流互感器在线路产生过负荷或短路故障时起作用，这时瞬时流过电流互感器的电流往往比额定电流增大很多倍，这样大的电流一方面要产生热能，另一方面要产生电动力，因此电流互感器必须能承受这样的热能和电动力而不致被破坏。

电流互感器的热特性包括正常长期工作时的热特性和短路电流流过时的短时热特性。长期热特性有额定连续热电流和连续电流下的温升限值两个指标。短时热特性（热稳定）用额定短时热电流表示。

额定短时热电流是指在二次绕组短路的情况下，电流互感器在1s内能承受的而不致损伤的最大一次电流有效值。

短路电流所产生的电动力（电磁力）的大小取决于短路电流的峰值。在二次绕组短路的情况下，电流互感器在1s内承受最大一次电流峰值的电磁力的作用而无电气的或机械的损伤，该电流即为额定动稳定电流。

动、热稳定电流是衡量电流互感器承受线路故障电流能力的重要参数。GB 20840.2—2014《互感器 第2部分：电流互感器的补充要求》没有规定动、热稳定电流标准值，由客户与生产厂商协商，并根据电网短路电流决定。其中额定短时热电流以有效值表示，持续时间有1、2、3、4s等，数值在10~45kA。额定动稳定电流用峰值表示，数值通常是额定短时热电流的2.5倍。

2.1.3 电流互感器的工作原理

电流互感器是一种专门用来变换电流的特种变压器，其一次绕组串联在被测电流的线路上，线路电流就是互感器的一次电流，二次绕组串接测量仪表、继电装置、自动装置等二次设备。由于各类测量仪表、继电装置、自动装置的阻抗很小，正常运行时二次侧接近于短路状态，二次电流在正常使用条件下实质上与一次电流成正比，二次负荷对一次电流不会造成影响。

电流互感器的工作原理与普通变压器的工作原理基本相同。当一次绕组中有电流 I_1 通过时，由一次绕组的磁动势 I_1N_1 产生的磁通绝大部分通过铁心而闭合，从而在二次绕组中产生感应电动势 E_2。如果二次绕组接有负载，那么二次绕组中就有电流通过。而二次绕组的磁动势 I_2N_2 也产生磁通，其绝大部分也通过铁心而闭合，因此铁心的磁通是一个由一、二次绕组的磁动势共同产生的合成磁通，称为主磁通 Φ。根据磁动势平衡原理可以得到

$$I_1N_1 + I_2N_2 = I_0N_1 \qquad (2-6)$$

为了保证测量精度，希望电流互感器没有误差，但实际上是不可能的。为了减小误差，要求励磁电流越小越好，这样才可以认为 $I_0N_1 \approx 0$，因此一般电流互感器的铁心磁通密度较低，在 0.08 ~ 0.1T 范围内。

1. 误差和准确度等级

如果电流互感器铁心不消耗能量，那么一次侧的能量就全部传到二次侧，即

$$E_1I_1 = E_2I_2 \qquad (2-7)$$

式中　E_1——一次绕组的感应电动势；

　　　E_2——二次绕组的感应电动势。

由电磁感应定律可知，绕组的感应电动势与匝数成正比，即

$$E_1/E_2 = N_1/N_2 \qquad (2-8)$$

将式（2-7）代入式（2-6）得到没有误差时电流和匝数的关系式

$$K_1 = I_1/I_2 = N_2/N_1 \qquad (2-9)$$

即电流互感器一、二次电流大小与一、二次绕组匝数成反比，这是电流互感器有关计算最基本的公式。由式（2-8）还可得到

$$I_1N_1 = I_2N_2 \qquad (2-10)$$

电流与匝数乘积的单位为安匝或安，所以也叫作安匝数，可见一台电流互感器的一次安匝数等于二次安匝数。

上述情况是指在没有能量损耗的情况下。实际任何能量在传递过程中，都要有损耗，电流互感器也不例外。当一次电流通过电流互感器的一次绕组时，必须消耗一小部分电流用来励磁，励磁就是使铁心有磁性，这样二次绕组才能产生感应电动势，也才能有二次电流。用来励磁的电流，就叫作励磁电流，一般用 I_0 表示，励磁电流与一次绕组匝数的乘积 I_0N_1 叫作励磁安匝，

也叫作励磁磁动势。

如果电流互感器没有误差，一次安匝就等于二次安匝，实际上由于互感器铁心要消耗励磁安匝，这个励磁安匝由一次安匝提供。这就是说，在一次安匝中要扣去励磁安匝后，才传递成为二次安匝，因此，这时二次安匝就不等于一次安匝，电流互感器也就有了误差，很明显，电流互感器的误差就由铁心所消耗的励磁安匝引起的。

在交流电中，电流除了大小以外，还有方向，就像钟表中的时针和分针一样。如果将一次电流 I_1 和经过折算的二次电流 $K_N I_2$ 当作时针和分针，也放在钟表的盘中，那么当电流互感器没有误差时，$K_N I_2$ 这支针和 I_1 这支针的长短应该相同，而且这两支针应该成一直线。也就是说，如果 $K_N I_2$ 转 180°后，与 I_1 不完全重合，电流互感器有误差，$K_N I_2$ 角差与 I_1 的位置之差，也就是 $K_N I_2$ 与 I_1 之间所夹的角度，就叫作相位误差，一般简称相位差，也叫角差。因此电流互感器的误差分为比值差和角差两部分，即

$$\varepsilon = f + \mathrm{j}\delta \tag{2-11}$$

式中　　ε——电流互感器的复数误差；

　　　　f——比值差；

　　　　$\mathrm{j}\delta$——角差。

比值差就是二次电流按额定电流比折算到一次侧后，与实际一次电流大小之差，并用后者的百分数表示，简称比差，定义为

$$f = \frac{K_N I_2 - I_1}{I_1} \times 100\% \tag{2-12}$$

由式（2-12）可见，如果折算后的二次电流大于一次电流，即 $K_N I_2 > I_1$，则比差为正值；如果从 $K_N I_2 < I_1$，则比差为负值。

角差就是二次电流反转 180°后，与一次电流相角之差，并以分为单位。根据定义，当二次电流逆时针方向反转 180°后，超前于一次电流时，角差为正值；滞后于一次电流时，角差为负值。超前或滞后，也可从钟表看，1 超前于 2，2 超前于 3。

2. 等效电路

电流互感器的一次绕组和二次绕组通过磁感应作用相互耦合，所以互感器的一次回路和二次回路是相互隔离的。为了便于分析和讨论，需要用等效电路，将一次侧和二次侧直接通过电路联系起来，而电路中所有参数都与实际参数等效，因此叫作等效电路。

电流互感器和变压器的等效电路相同，等效电路先假定一次和二次绕组匝数相等，如果实际不等，可通过额定电流比尺折算，折算后的参数一律在右上角加一撇表示，对于电动势（电压）、电流和阻抗，二次侧折算至一次侧的计算公式分别为

$$E_2' = \frac{1}{K_{1N}} E_2 = \frac{N_1}{N_2} E_2 \tag{2-13}$$

$$I_2' = K_{1N} I_2 = \frac{N_2}{N_1} I_2 \tag{2-14}$$

$$Z' = \frac{1}{K_{1N}^2} Z = \left(\frac{N_1}{N_2}\right)^2 Z \tag{2-15}$$

经过折算后，一次侧和二次侧的感应电动势相量相等，即

$$\dot{E}_1 = \dot{E}_2$$

既然一次侧和二次侧感应电动势相量相等，那可以把一次和二次的其他参数联系起来，画出等效电路，如图 2-11 所示。

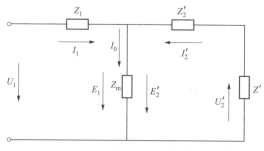

图 2-11　电流互感器的等效电路

由等效电路可以引出各电量之间的关系如下。

二次电流 $\dot{I}_2{'}$ 通过二次负荷阻抗 Z，产生二次压降 $\dot{U}_2{'}$ 为

$$\dot{U}_2{'} = \dot{I}_2{'} Z \qquad (2\text{-}16)$$

$\dot{I}_2{'}$ 通过绕组内阻抗 Z，产生电压降 $\dot{I}_2\dot{Z}_2$，二次回路总阻抗为

$$Z_{02} = Z + Z_2 \qquad (2\text{-}17)$$

其压降全部由二次绕组感应电动势 $\dot{E}_2{'}$ 提供，即

$$\dot{E}_2{'} = \dot{U}_2{'} + \dot{I}_2{'} Z = I(Z + Z_2) = \dot{I}_2{'} Z_{02} \qquad (2\text{-}18)$$

一次、二次电流的相量和就是励磁电流 $\dot{I}_0$，即

$$\dot{I}_0 = \dot{I}_1 + \dot{I}_2{'} \qquad (2\text{-}19)$$

一次电流 $\dot{I}_1$ 通过一次绕组内阻抗 Z_1，产生压降 $\dot{I}_1 Z_1$，因此一次电压为

$$\dot{U}_1 = \dot{I}_1 Z_1 - \dot{E}_1 \qquad (2\text{-}20)$$

式中　Z_{02}——二次回路总阻抗；

　　　　Z——二次负荷阻抗；

　　　　Z_2——绕组内阻抗。

由式（2-16）可知，$\dot{U}_2{'}$ 为 $\dot{I}_2{'}$ 和 Z 的乘积，其相位超前于 $\dot{I}_2{'}$ 一个角度，假设为 φ，φ 就是 Z 的阻抗角。又根据式（2-18）可知，$\dot{E}_2{'}$ 为 $\dot{I}_2{'}$ 和 Z_{02} 的乘积，其相位超前于 $\dot{I}_2{'}$ 一个角，假设为 α，α 就是 Z 的阻抗角。

要产生感应电动势 $\dot{E}_2{'}$，铁心就必须有磁通。单位截面积铁心的磁通叫作磁通密度，简称磁密，也叫作磁感应强度。由电磁感应定律可以求得磁密 B_m 与 $\dot{E}_2$ 的关系为

$$B_m = j\frac{\dot{E}_2 \times 10^8}{4.44 f N_2 S K} \qquad (2\text{-}21)$$

式中　B_m——磁密峰值，Gs；

　　　　S——铁心横截面积，cm^2；

　　　　f——频率，Hz；

　　　　K——铁心叠片系数，对于热轧硅钢片 $K = 0.85 \sim 0.9$，对于冷轧硅钢
　　　　　　片 $K = 0.9 \sim 0.95$，对于铁镍合金 $K = 0.93 \sim 0.96$。

B_m 的大小由式（2-21）求得，其相位超前于 $\dot{E}_2$ 90°。

磁密和磁场强度的比值就是铁心的磁导率，一般用 μ 表示，即

$$\mu = \frac{B_{\mathrm{m}}}{H} \text{ 或 } H = \frac{B_{\mathrm{m}}}{\mu} \tag{2-22}$$

在交流电中，磁密一般用峰值，磁场强度一般用有效值。有效值乘以 $\sqrt{2}$ 就等于峰值，因此

$$\mu = \frac{B_{\mathrm{m}}}{\sqrt{2}H} \tag{2-23}$$

式中：B_{m} 单位为 T 或 Gs，H 单位为 A/cm，μ 单位为 T/（A/cm）或 Gs/（A/cm）。一般 μ 的单位用特/奥（T/oe）或高斯/奥（Gs/oe），1A/cm $= 0.4\pi$oe。这样有

$$\mu = \frac{B}{\sqrt{2 \times 0.4\pi}H} \approx 0.5627B/H \tag{2-24}$$

式（2-24）中，μ 单位为 T/oe 或 Gs/oe；H 单位为 A/cm。

H 的相位超前于 B_{m} 一个角度 ψ。ψ 就是铁心的损耗角。H 的大小和损耗角 ψ 一般都从相应的铁心磁化曲线中查得。

因为铁心磁导率 μ 和损耗角 ψ 都不是常数，它们都随着磁密或磁场强度的变化而变化。所以 H 相对于 B_{m}，即 H/B_{m} 的大小相位也是变化的。在电流互感器正常运行的范围内，铁心的磁密越高，导磁率和损耗角越大，H/B_{m} 越小，且相位越超前。

要使铁心有磁场强度，首先必须对铁心进行励磁，也就是需要励磁磁动势，其公式为

$$I_0 N_1 = HL \tag{2-25}$$

式中 L——铁心平均磁路长度，cm。

$I_0 N_1$ 也叫励磁安匝，单位为安，$\dot{I}_0$ 与 H 同相。

由式（2-11）知，电流互感器的误差为

$$\varepsilon = f + \mathrm{j}\delta \tag{2-26}$$

ε 是以复数表示的误差。电流互感器的复数误差，是反转180°的二次电流相量按额定电流比折算至一次后与实际一次电流相量之差，对实际一次电

流相量的比值，并用百分比表示，即

$$\varepsilon = \frac{-K_N \dot{I}_2 - \dot{I}_1}{\dot{I}} \times 100\% = -\frac{\dot{I}_0 N_1}{\dot{I}_1 N_1} \times 100\% = -\frac{\dot{I}_0}{\dot{I}_1} \times 100\% \qquad (2\text{-}27)$$

可见复数误差为励磁安匝与一次安匝相量之比的负值。

因　　　　　　　　　$$\dot{E}_2 = -\dot{I}_0' Z_m' = \dot{I}_2' Z_{02} \qquad (2\text{-}28)$$

$$-\dot{I}_0 / \dot{I}_2' = Z_{02} / Z_m' \qquad (2\text{-}29)$$

且　　　　　　　　　$$\dot{I}_1 = \dot{I}_2' \qquad (2\text{-}30)$$

将式（2-28）、式（2-29）代入式（2-26）可得到

$$\varepsilon = \frac{\dot{I}_0}{\dot{I}_1} \times 100\% = -\frac{Z_{02}}{Z_m'} \times 100\% \qquad (2\text{-}31)$$

则复数误差为二次负荷总阻抗与二次侧的励磁阻抗之比的负值。

将式（2-18）、式（2-20）和式（2-30）合在一起就可得到电流互感器误差的计算公式

$$\varepsilon = \frac{j (Z_2 + Z) L \times 10^5}{4.44\sqrt{2} f N_2^2 \mu S K} \times 100\% \qquad (2\text{-}32)$$

式中　L——平均磁路长度；

　　　f——频率；

　　　N_2——二次匝数；

　　　S——铁心横截面积；

　　　μ——铁心磁导率；

　　　K——铁心叠片系数。

3. 影响电流互感器误差的因素

（1）电流对误差的影响。从式（2-31）中看不出电流对误差的影响，好像误差与电流的大小无关。实际上铁心的磁导率和损耗角 ψ 都不是常数，在电流互感器正常运行范围内，随着电流的增大，铁心磁密增大，磁导率和损耗角也增大。

由式（2-31）可见，铁心磁导率 μ 增大，分母增大，互感器的误差随着减小。损耗角 ψ 增大，那么 $\sin(\psi+\alpha)$ 增大，$\cos(\psi+\alpha)$ 减小。因此，当电

流增大时，电流互感器的误差减小，比差减得少，角差减得多。

比差曲线和角差曲线如图 2-12 所示，角差曲线的陡度大于比差曲线。

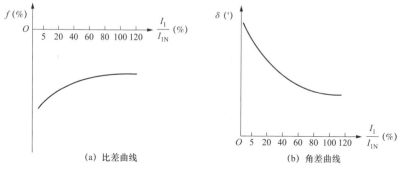

图 2-12　比差曲线和角差曲线

（2）二次负荷对误差的影响。由式（2-30）可知，互感器的误差与二次负荷的大小成正比。实际上当二次负荷增大时，铁心的磁密增大，铁心的磁导率也略有增大，所以互感器的误差随着二次负荷的增大而增大。且比差增得多，角差增得少。

二次负荷的功率因数，也就是二次负荷 Z 的功率因数角 φ 的余弦。φ 角是二次总阻抗角 α 的主要组成部分，二次负荷功率因数角 φ 越大，α 越大，则 $\sin(\psi+\alpha)$ 数值越大，比差绝对值越大，$\cos(\psi+\alpha)$ 数值越小，角差越小。因此随着二次负荷功率因数角 φ 的增大，互感器的比差增大，角差减小。图 2-13 给出了不同负荷下的比差曲线和角差曲线。

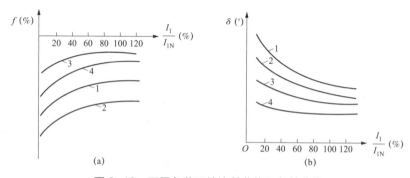

图 2-13　不同负荷下的比差曲线和角差曲线

1—Z_n，$\cos\varphi=1$；2—Z_n，$\cos\varphi=0.8$；3—Z_x，$\cos\varphi=1$；4—Z_x，$\cos\varphi=0.8$

（3）绕组匝数对误差的影响。绕组匝数对误差的影响特别大，从式（2-30）可看出误差与二次绕组匝数的平方成反比。因此在一般的情况下，增加二次绕组的匝数，能够减小电流互感器的误差，但是随着二次绕组匝数的增加，一次绕组的内阻抗也逐渐增大，铁心磁导率下降，在一定程度上，限制了误差的下降。同时，随着二次绕组的增加，一次绕组也要按比例增加，这不仅大大地增加了绕组的用铜量，而且还使绕组的绕制工艺复杂。因此从节约使用铜线的观点出发，绕组的匝数应该越少越好，最好能够采用一匝的绕组，这就是单匝式或母线型电流互感器。

单匝式或母线型电流互感器的结构最简单，最省导线材料。但是当一次电流较小时，误差迅速增大，无法满足准确度等级的要求。所以单匝式或母线型仪用电流互感器的一次电流一般不低于 300～600A，一次电流在 300A 以下的，就做成多匝式的电流互感器。

（4）平均磁路长度对误差的影响。式（2-32）表明，误差与平均磁路长度成正比。铁心的磁路长度主要决定于铁心窗口的面积，而铁心窗口的大小必须保证能装下一次和二次绕组以及它们之间的绝缘。在满足这个要求以后，应该尽可能地缩小铁心窗口面积，缩短铁心的磁路长度。

铁心的磁路长度越小，越节省铁心材料。同时，铁心的磁路长度越小，误差也越小。当互感器的安匝数很小，也就是铁心窗口面积本来就比较小时，铁心窗口的选择对平均磁路长度，也就是对互感器的误差影响更大。

（5）铁心横截面积对误差的影响。从式（2-32）可知误差与铁心的横截面积成反比，原因是提高了励磁阻抗使 I_0 减小。一般说来，增加铁心横截面积可以减小误差，但是实际上伴随着铁心横截面积的增大，铁心的磁导率下降，铁心的平均磁路长度增大，二次绕组的内阻抗增大，所有这些都大大限制了误差的减小，甚至在某些情况下，铁心横截面积的增大，不仅不会使误差减小，反而会使误差增大，这就白白地浪费了材料。

铁心横截面的形状也对互感器误差有影响，这是因为相同的铁心横截面下，铁心越厚，平均磁路长度越短，而铁心横截面厚度与宽度相同时，每匝线圈所用的铜线最短，内阻也最小。因此在设计时必须正确选择厚度 h 和宽度 b 的比例关系。对于叠片铁心，一般选择高度稍大于宽度即可。对于环形铁心，因为铁心的内径比外径小，绕制绕组时铁心的宽度比高度增长快，所以一般选择 $1.5b \leq h \leq 2b$ 比较合适。这样保证了每匝绕组所用的铜线少、内阻小，而且铁心平均磁路长度又不至于太长。

（6）铁心材料对误差的影响。从式（2-32）可知误差与铁心磁导率成反比。实际上对同样准确度等级的电流互感器，如果铁心的磁导率增大，就可以缩小铁心的尺寸，提高铁心中的磁密，提高铁心的磁导率，又反过来缩小铁心的尺寸。总之，铁材料的性能越好，铁心的尺寸就越小。因此，提高铁心的磁性能，是缩小低压测量用电流互感器尺寸的主要途径，特别是对于准确度等级越高的电流互感器，越显得重要。

（7）电源频率对误差的影响。由式（2-32）可见，电源频率与误差成反比。实际上当 f 增大时，磁密呈反比下降，磁导率下降，且二次绕组漏抗增大。因此，电源频率在一定范围内改变时，对电流互感误差的影响很小。一般用于 50Hz 的电流互感器，只要误差留有一定的裕度，都可以用于 40～60Hz 电源。

2.2 电磁式电压互感器

2.2.1 电磁式电压互感器的基本结构

以电磁感应为其工作原理的电压互感器即为电磁式电压互感器。它们的总体结构相似，主要部件均有铁心、绕组组成的器身、外绝缘套管及零部件等。

一般电压互感器有一个铁心，一次绕组和二次绕组先绕在骨架上，然后再套在铁心柱上。

在两个绕组之间及绕组与铁心之间都有绝缘隔离。在低压互感器中，可以将一次绕组、二次绕组以及绝缘直接绕在铁心上。最简单的低压电压互感器只有一个一次绕组和一个二次绕组，绕组的出线头与接线端钮连接，铁心和接线端钮都固定在一个绝缘支架上，或者安装在一个外壳内。

1. 铁心与绕组

（1）铁心。电磁式电压互感器最常采用的铁心材料为冷轧硅钢片，常采用方形叠片铁心、C形卷铁心和环形卷铁心三种结构。

1）方形，也就是叠片式，叠片铁心由冲剪成条形的铁心片叠积而成，铁心的磁通方向应与冷轧硅钢板的辗轧方向一致。根据互感器铁心柱的数目，叠片铁心可分为单相双柱式、单相三柱式、二相三柱式、三相五柱式。常见的电压互感器铁心结构如图2-14所示。

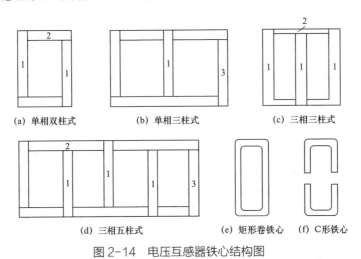

（a）单相双柱式　　（b）单相三柱式　　（c）三相三柱式

（d）三相五柱式　　（e）矩形卷铁心　　（f）C形铁心

图2-14　电压互感器铁心结构图

1—铁心柱；2—主铁轭；3—旁铁轭

这种铁心的优点是绕组绕制和绝缘方便，绕组和绝缘可以预先在绕线机上绕制好，然后装入硅钢片铁心；缺点是铁心之间有气隙，磁性能低，绕组的漏磁大。电力系统中用的电压互感器一般都采用叠片铁心。

叠片铁心的芯柱截面一般由内接于圆的多级矩形组成，铁心柱的截面必须遵守三个原则：铁心柱的填充系数要高（填充系数为铁心柱横截面积与其外接圆面积之比）；铁心结构合理、加工和装配容易；考虑在铁心柱夹紧时，防止局部变形而超出外接圆。

叠片铁心的铁轭一般为矩形，少数也用阶梯形，在设计和叠片时，应使铁轭和铁心柱连接密切，接缝相互对应。在叠片铁心中，一般铁轭横截面积应选择等于或略大于铁心柱横截面。

2）环形。环形卷铁心由硅钢片带直接卷制而成。由于铁心没有气隙，且磁通顺着硅钢片辗压方向通过，所以铁心磁性能很好，卷制工艺也比较简单。绕组在环形铁心上均匀绕制，漏磁很小，特别适合于制作精密电压互感器。在环形铁心上绕制绕组比较困难，尤其是绝缘更难处理，所以环形铁心只能用于制作低压精密电压互感器。

3）C形。C形卷铁心是将铁心卷制成椭圆形，然后锯开成C形，锯口经磨床磨平。两对C形铁心组成单柱旁轭式铁心，如图2-14（f）所示。绕组装在两对C形铁心组成的柱上。装上绕组后，原锯口再胶合在一起。

C形卷铁心磁性能优于叠片铁心，小型且大量生产时，制作工艺比较简单，主要用于10kV以下单相电压互感器。

（2）绕组。电压互感器二次绕组可布置在一次绕组的外侧，也可布置在一次绕组的内侧，一、二次绕组的绕向应相反，一次绕组和二次绕组大多采用同心圆筒式，少数低压互感器如干式和浇注式互感器也常采用同心矩形筒式。

绕组采用的导线类型根据互感器采用的绝缘介质而有所不同，需考虑互感器的绝缘介质对导线本身绝缘的相容性。对油浸式电压互感器，一般采用Z型纸包线、QQ型缩醛漆包线、QQ型单丝包漆包线；对浇注及干式互感器，一般采用QZ型聚酯漆包线；对SF$_6$互感器一般采用聚酯漆包线或塑料薄膜导线等。

为了改善电场分布，一般在一次绕组首末端分别加静电屏，绕组分段或绕制成宝塔形并辅以角环、端圈、隔板以加强绝缘。

仪用电压互感器的一次绕组或二次绕组一般都做成抽头式的，都有多种匝数。其抽头接到固定的面板的接线柱上，使用时按需要选用一种匝数的一次绕组和相应的二次绕组，组成不同匝数比的电压互感器。

2. 绝缘结构

电压互感器体积小、结构紧凑，试验电压比电力变压器稍高，因此绝缘结构是其重要组成部分。电压互感器的一次和二次绕组的匝间、层间以及绕组间都有绝缘，绕组与铁心、外壳之间也有绝缘。低压电压互感器的绕组主要采用聚酯薄膜绝缘。聚酯薄膜绝缘强度高，介电系数小，是很好的绝缘材料，但是它在高电压下产生电晕，从而会损坏绝缘，因而不宜用于 10kV 以上高压电压互感器。目前国内 10kV 以上高压电压互感器绕组主要采用油纸绝缘。出线头和绕组对地间的绝缘，低压主要靠空气绝缘，10kV 左右可用树脂浇注绝缘，10kV 以上主要采用瓷套管或瓷箱绝缘。

电压互感器按绝缘结构不同，可分为干式、浇注式、油浸式、气体绝缘式等。

（1）干式电压互感器。干式电压互感器一般用于 500V 及以下低电压等级互感器。导线采用 QZ 型漆包线，层间用绝缘纸绝缘，绕组浸漆烘干后与铁心组装在一起。绕组与铁心组装后不需填充别的绝缘材料，仅靠绝缘纸板及绝缘漆来维持。干式电压互感器结构简单，但体积较大，且存在气隙，因此不适于高压互感器。

（2）浇注式电压互感器。浇注式电压互感器有独特的电气性能和机械性能，防火防潮，寿命长，且制造简单。因此广泛应用于 35kV 及以下电压互感器，特别是 10kV 电压等级互感器。浇注绝缘材料目前常采用不饱和树脂和环氧树脂。不饱和树脂浇注时不宜抽真空，浇注体内有气泡，但价格低廉，常用于 500V 及以下低压互感器，而环氧树脂成型工艺克服了不饱和树脂浇注的缺点，因此应用较广。

浇注式互感器可分为全浇注（或称全封闭）和半浇注（或称半封闭）结构两种。半浇注式互感器是预先将一、二次绕组的绕组引线及其引线端子用混合胶浇注成一个整体，然后将浇注体、铁心和底座组装在一起。半浇注式互感器的优点是浇注简单、容易制造，缺点是结构不够紧凑，铁心外露容易锈蚀。而全浇注式互感器是将一、二次绕组的绕组引线及其引线端子，加上铁心全部用混合胶浇注成一体，然后将总浇注体与底座组装在一起。全浇注式互感器的特点是结构紧凑，但浇注比较复杂，同时铁心缓冲层设置比较麻烦。

（3）油浸式电压互感器。在我国，目前油浸式电压互感器占很大比重，普遍用于 35kV 及以上各等级电压互感器。油浸式互感器的器身放在油箱里，高压绕组由充油套管引出，器身要真空干燥，真空浸油。油浸式电压互感器的绝缘性能好，适用于 10kV 以上户外装置。

（4）气体绝缘式电压互感器。近年来 SF_6 气体绝缘式电压互感器在 GIS 中应用较多，SF_6 气体是一种惰性气体，绝缘性能好、不易燃、灭弧能力强。SF_6 电压互感器采用单相双柱式铁心，器身结构与油浸单级式电压互感器相似，层间绝缘采用纬聚酯粘带和聚薄冻，绕组截面采用矩形或分级宝塔形。配套式互感器的引线绝缘设置静电均压环以均匀电场分布，从而减小互感器高度，独立式互感器过去采用电容型绝缘（与油浸式单级电压互感器相似）。目前国内制造厂为简化制造工艺，没有采用电容型绝缘结构，单纯靠高压引线与其附件的 SF_6 间隙来保证其绝缘强度。对器身内部金属尖端处采用屏蔽方法均匀电场。独立式 SF_6 互感器还需有充气阀、吸附剂、防爆片、压力表、气体密度继电器等，以保证其安全运行。

3. 电磁式高压电压互感器外部结构组件

所有高压电压互感器从外部来看，有头部、套管及底座三大部分。

（1）头部连接互感器与线路。所有形式的互感器均需有一次引线端子及其标志。油浸式互感器头部还装有膨胀器，SF_6 互感器头部装有防爆片。

（2）套管是互感器的外绝缘。浇注式互感器的外绝缘用浇注绝缘代替套管绝缘。套管的设计必须考虑互感器本身承受的过电压水平、环境污秽条件、机械力等因素，同时还必须考虑与器身、底座、头部等的配合。

（3）底座起支持固定互感器主体的作用。底座上须有铭牌、二次引线端子、接地端子、安装孔、放油（或放气）阀门、SF_6 互感器压力表和气体密度继电器等。

2.2.2 电磁式电压互感器主要技术参数

1. 型号

我国规定用汉语拼音字母组成电压互感器型号，按字母排列顺序，分别表示结构、类型、绝缘方式及用途。特殊使用环境代号与电流互感器相同。

电压互感器的型号表示如下：

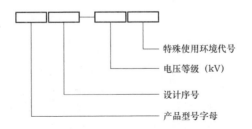

特殊使用环境代号

电压等级（kV）

设计序号

产品型号字母

电压互感器产品型号字母的含义见表2-2。

表 2-2　　　　　　　　　电压互感器产品型号字母的含义

分类	含义
用途	J—电压互感器；HJ—仪用电压互感器
相数	D—单相；S—三相；G—串级结构
线圈外绝缘介质	J—油浸式；G—干式；C—瓷箱式；Z—浇注绝缘；Q—气体
结构特征及用途	F—有测量和保护分开的二次绕组；J—接地保护；W—三相五柱；B—三柱带补偿线圈；C—串级带剩余绕组；X—带剩余绕组
油保护方式	N—不带金属膨胀器

如 JDX-110GY，表示单相、油浸绝缘、带剩余绕组的电压互感器，额定电压 110kV，适用于高原地区；JDCF-110，表示单相、油浸绝缘、串级式、测量和保护分开二次绕组的电压互感器，JDG4-0.5，表示单相干式第四次改型的 0.5kV 电压互感器；JDZ-10，表示单相浇注 10kV 电压互感器：JDJJ2-35，表示单相油浸式接地保护第二次改型的 35kV 电压互感器；JCC2-110，表示串级瓷箱式第二次改型的 110kV 电压互感器。

精密电压互感器的型号由两个汉语拼音字母组成：第一个字母"H"为"互"感器，第二个字母"J"为电"压"（旧拼音方案）。字母后面的数字为设计的序号，如 HJ8、HJ22 等。

2. 端子标志

GB 20840.3—2013《互感器　第 3 部分：电磁式电压互感器的补充技

要求》对电压互感器的端子标志做了规定：其标志适用于单相电压互感器，由单相互感器组成为一台整体的三相接线的互感器或有一公共铁心的三相电压互感器。

其端子标志，大写字母 U、V、W 和 N 表示一次绕组，U_1、V_1、W_1、N_1、U_2、V_2、W_2 等区分。字母 U、V、W 表示全绝缘端子；N 表示接地端，其绝缘低于上述各端子。复合字母 DU 和 DN 表示剩余电压绕组的端子。标有同一字母大写和小写端子，在同一瞬间具有同一极性。

3. 铭牌参数

GB 20840.3—2013《互感器　第 3 部分：电磁式电压互感器的补充技术要求》规定，电压互感器铭牌应有型号、标准代号、设备最高电压、额定电压比、额定输出（VA）和相应的准确度等级等参数。

（1）国名。

（2）制造厂名（不以工厂所在地为厂名者，应同时标出地名）。

（3）互感器名称。

（4）互感器型号。

（5）标准代号。

（6）一次、二次和剩余电压绕组（如果有）的额定电压。

（7）额定频率及相数。

（8）户内或户外。如果互感器允许使用在海拔高于 1000m 的地区，还应标出其允许使用的海拔高度。

（9）当有两个分开的二次绕组时，其标志应指明每个二次绕组的额定电压，输出范围（VA）和相应的准确级。

（10）设备最高电压。

（11）额定绝缘水平。

注：（10）和（11）可以并为一个标志，如 72.5/140/325kV。

（12）额定电压因数及其相应的额定时间。

（13）如果不是 A 级绝缘，应标志其绝缘耐热等级。

注：当采用几种不同的绝缘等级材料时，应标志限制绕组温升的那一个绝缘等级。

（14）带有一个以上二次绕组的互感器，应标明每一绕组的用途和其相应的端子，串并联或某些特殊结构的互感器应标志其原理接线图。

（15）互感器总质量和油浸式互感器油质量（干式互感器的总质量小于50kg时可不标出）。

（16）出厂序号（设备最高电压415V的互感器可不标出）。

（17）制造年月。

（18）准确度等级标在相应额定输出之后（如50VA，0.2级），可以标出包括该互感器所能满足的几组额定输出和准确级。

4. 电压比

电压互感器接线如图2-15所示，一次绕组并联在被测电压的线路上，二次绕组接测量仪表或继电器。

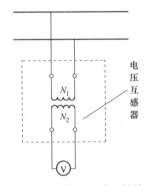

图 2-15　电压互感器接线

被测线路的电压加在电压互感器的一次绕组上，称为一次电压。二次绕组产生的感应电压就是二次电压，加在测量仪表和继电器上。电压互感器最主要的参数就是电压比，是一次电压 U_1 与二次电压 U_2 之比，一般用 K 表示，即

$$K = U_1/U_2 \tag{2-33}$$

为了制作和使用的方便，电压互感器的一次电压和二次电压都规定有额

定值，即额定一次电压 U_{1N} 和额定二次电压 U_{2N}，额定一次电压与额定二次电压之间比，叫作额定电压比 K_{UN}。额定电压指的是，在这个电压下，绕组可以长期通电而不损坏绝缘。若额定电压比为 10000/100，说明电压互感器的二次电压乘以 100 就等于一次电压，而且一次绕组允许长期施加的电压为 10000V，二次绕组允许长期输出的电压为 100V，所以电压比 10000/100 不能写成 100/1。这是因为电压比为 100/1，说明电压互感器的额定一次电压为 100V，额定二次电压为 1V，与 10000/100 比值虽同而实际意义不同。

5. 负荷和容量

电压互感器的二次负荷是指电压互感器二次侧所接电气仪表和继电器等全部外接负荷总导纳。电压互感器的二次负荷与所接的线路上的负荷没有直接关系，只要二次接线不变，其二次负荷就不变。

由于电压互感器二次接线是随着线路的要求而改变的，所以实际二次负荷不尽相同，为了制造和使用的方便，对电压互感器规定了二次负荷的额定值，即额定二次负荷。电压互感器的额定负荷容量是指电压互感器在额定电压和额定负荷下运行时二次侧所输出的容量，用伏安数表示。额定负荷容量 S_N 和额定负荷导纳 Y_N 之间的关系可表示为

$$S_N = U_2^2 Y_N \tag{2-34}$$

6. 热极限输出

电压互感器的热极限输出是在额定一次电压下，电压互感器温升不超过规定限值时，二次绕组所能供给的极限视在功率，这时互感器的误差可能超过要求。有多个二次绕组时，备绕组的极限输出应分别标出。除非制造厂同意，不允许两个或更多的二次绕组同时供应极限输出。热极限输出的用途很广，如短路干燥时、空载电流试验及现场误差测试时作为升压器等，使用时注意最大电流应受限制。

2.2.3 电磁式电压互感器工作原理

电磁式电压互感器是一种特殊变压器，其工作原理和变压器相同，电压

互感器一次绕组并联在高压电网上，二次绕组外部并接测量仪表和继电保护装置等负荷，仪表和继电保护装置的阻抗很大，二次负荷电流小，且负荷一般都比较恒定。电压互感器的容量很小，接近于变压器空载运行情况，运行中一次电压不受二次负荷的影响，二次电压在正常使用条件下实质上与一次电压成正比。

当在一次绕组上施加电压 U_1 时，在铁心中产生磁通 Φ，则在二次绕组中感应出二次电压 U_2。磁通产生励磁电流 I_0，由于一次绕组存在电阻和漏抗，所以 I_0 在内阻抗上产生压降，就形成了电压互感器的空载误差。当二次绕组接有负荷时，二次绕组中产生负荷电流，为保持磁通不变，一次绕组中也要增加一个负荷电流分量，由于二次绕组也存在电阻和漏抗，所以负荷电流在一、二次绕组的内阻抗上产生电压降，就形成了电压互感器的负载误差。由此可见，电压互感器的误差主要是由励磁电流在一次绕组内阻抗上产生的电压降和负荷电流在一、二次绕组内阻抗上产生的电压降所引起的。

1. 误差和准确度等级

如果电压互感器的一次绕组和二次绕组都没有电阻压降和漏抗压降，那么 $\dot{U}_1 = -\dot{E}_1$，$\dot{U}_2 = -\dot{E}_2$，于是

$$K_{\mathrm{U}} = \frac{U_1}{U_2} = \frac{E_1}{E_2} = \frac{N_1}{N_2} \qquad (2\text{-}35)$$

这时实际电压比等于额定电压比，即

$$K_{\mathrm{U}} = K_{\mathrm{UN}} = \frac{U_{1\mathrm{N}}}{U_{2\mathrm{N}}} = \frac{N_{1\mathrm{N}}}{N_{2\mathrm{N}}} = \frac{N_1}{N_2} \qquad (2\text{-}36)$$

电压互感器的复数误差 E，是反转 180° 的二次电压相量按额定电压比折算至一次后，与实际一次电压相量之差，对实际一次电压相量的比值，并用百分数表示

$$\varepsilon = f + \mathrm{j}\delta = -\frac{K_{\mathrm{UN}}\dot{U}_2 - \dot{U}_1}{\dot{U}_1} \times 100\% = -\frac{\Delta\dot{U}_1}{\dot{U}_1} \times 100\% \qquad (2\text{-}37)$$

比差 f 是二次电压按额定电压比折算至一次后，与实际一次电压大小之差，并用后者的百分数表示

$$f = \frac{K_{\mathrm{UN}}U_2 - U_1}{U_1} \times 100\% = -\frac{\frac{N_1}{N_2}U_2 - U_1}{U_1} \times 100\% \qquad (2-38)$$

如果折算后的二次电压大于一次电压，即 $K_{\mathrm{UN}}U_2 > U_1$，则比差为正，反之，则比差为负值。

角差 δ 就是二次电压反向后与一次电压间的相角差，并以分为单位。当反转后的二次电压超前于一次电压时，角差为正值，滞后于一次电压时，角差为负值。

2. 等效电路和相量图

电压互感器的等效电路和电流互感器基本相同，如图 2-16 所示。

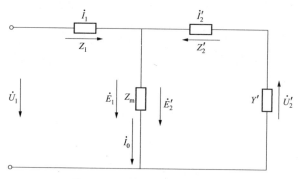

图 2-16　电压互感器等效电路

图 2-16 中 E_2'（U_2'）、I_2'、Z_2' 和 Y' 分别为折算至一次的二次电动势（电压）、电流、阻抗和导纳，其折算关系分别为

$$E_2' = K_{\mathrm{UN}}E_2 = \frac{N_1}{N_2}E_2 \qquad (2-39)$$

$$\dot{I}_2' = \frac{1}{K_{\mathrm{UN}}}\dot{I}_2 = \frac{N_2}{N_1}\dot{I}_2 \qquad (2-40)$$

$$Z_2' = K_{\mathrm{UN}}^2 Z_2 = \left(\frac{N_1}{N_2}\right)^2 Z_2 \qquad (2-41)$$

$$Y' = \frac{1}{K_{\mathrm{UN}}}Y = \left(\frac{N_2}{N_1}\right)^2 Y \qquad (2\text{-}42)$$

由等效电路可列出各电量之间的关系如下：

二次电压 $\dot{U}_2{}'$ 加在二次负荷导纳 Y' 上，产生二次电流 $\dot{I}_2{}'$ 为

$$\dot{I}_2{}' = \dot{U}_2{}'\, Y' \qquad (2\text{-}43)$$

$\dot{I}_2{}'$ 通过绕组内阻抗 $Z_2{}'$，产生压降 $I_2{}'Z_2{}'$，则

$$\dot{E}_2{}' = I_2{}'\,Z_2{}' + \dot{U}_2{}' \qquad (2\text{-}44)$$

要产生感应电动势 $\dot{E}_2$，铁心就需要励磁，励磁电流为

$$\dot{I}_0 = \frac{-\dot{E}_1}{Z_{\mathrm{m}}} = \frac{-\dot{E}_2}{Z_{\mathrm{m}}} \qquad (2\text{-}45)$$

一次电流 $\dot{I}_1$ 为 $\dot{I}_0$ 和 $\dot{I}_2{}'$ 的相量差，即

$$\dot{I}_1 = \dot{I}_0 - \dot{I}_2{}' \qquad (2\text{-}46)$$

$\dot{I}_1$ 通过一次绕组内阻抗 Z_1，产生阻抗压降 $\dot{I}_1 Z_1$，因此

$$
\begin{aligned}
\dot{U}_1 &= -\dot{E}_1 + \dot{I}_1 Z_1 = -\dot{E}_2 + \left(\dot{I}_0 - \dot{I}_2{}'\right)Z_1 \\
&= -(I_2{}'\,Z_2{}' + \dot{U}_2{}') + \left(\dot{I}_0 - \dot{I}_2{}'\right)Z_1 \\
&= \dot{I}_0 Z_1 - \dot{I}_2{}'\left(Z_1 + Z_2{}'\right) - \dot{U}_2{}'
\end{aligned}
\qquad (2\text{-}47)
$$

根据等效电路可以画出电压互感器的相量图，如图 2–17 所示。

先画出 $\dot{U}_2{}'$，按式（2-44）画出 $\dot{E}_2{}'$。由式（2-45）画出 $\dot{I}_0$，Z_{m} 的角度为 $90°-\varphi$，故 $\dot{I}_0$ 比 $\dot{E}_2{}'$ 超前 $90°+\varphi$，因 $B_{\mathrm{m}} = \mathrm{j}\dfrac{\dot{E}_2 \times 10^8}{4.44 f N_2 SK}(\mathrm{Gs})$，则可求出 B_{m}，B_{m} 比 $E_2{}'$ 超前 $90°$，画出 B_{m}；再由 B_{m}–H 曲线 φ–H 曲线查出或算出相应于 B_{m} 的 H 和 φ，H 比 B_{m} 超前 φ 角，并由式 $I_0 = \dfrac{H L_{\mathrm{P}}}{N_1}(\mathrm{A})$ 算出 $\dot{I}_0$。$\dot{I}_0$ 与 H 同相，画出 $\dot{I}_0$。由式（2-46）画出 $\dot{I}_1$，由式（2-47）画出 $\dot{U}_1$。

将式（2-44）代入式（2-37），可得误差计算公式

$$\varepsilon = -\frac{\dot{U}_1 + \dot{U}_2}{\dot{U}_1} = -\frac{\dot{I}_0 Z_1 - \dot{I}_2{}'\left(Z_1 + \dot{Z}_2\right)}{\dot{U}_1} = \left[\frac{Z_1}{Z_{\mathrm{m}}} + Y(Z' + Z_2)\right] \times 100\% = \varepsilon_{\mathrm{k}} + \varepsilon_{\mathrm{f}} \qquad (2\text{-}48)$$

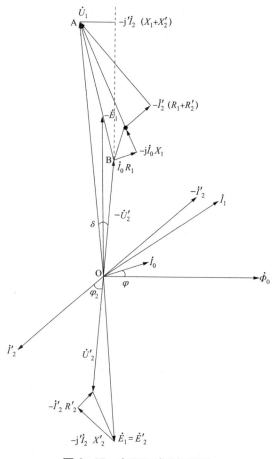

图 2-17 电压互感器相量图

式（2-48）中第一项为空载电流压降造成的误差，叫作空载误差 ε_k，第二项为二次负荷造成的误差，叫负载误差 ε_f，$\varepsilon = \varepsilon_k + \varepsilon_{f\circ}$

在相量图中，从 $\dot{U}_1$ 矢端 A 作直线、垂直于 $-\dot{U}_2'$ 相量 OB 的延长线交于 C，由于角差很小，一般不超过 $2°$，所以由直角 $\triangle ACO$ 和 $\triangle ACB$ 可求得

$$f = \frac{\overline{OB} - \overline{OA}}{\overline{OA}} \approx \frac{-\overline{BC}}{\overline{OA}} = \frac{I_0 Z_1}{U_1}\cos\left(90° - \varphi - \varphi_1\right) - \frac{I_2'\left(Z_1 + Z_2'\right)}{U_1}\cos\left(\varphi - \varphi_2\right)$$
$$= -\left[\frac{I_0 r_1 \sin\varphi + I_0 \times \cos\varphi}{U_1} + \frac{I_2'\left(r_1 + r_2'\right)\cos\varphi + I_2'\left(X_1 + X_2'\right)\sin\varphi}{U_1}\right] \tag{2-49}$$

式（2-49）中，φ_1 和 φ_2 分别为 Z_1 和 $Z_1 + Z_2'$ 的阻抗角；φ 为二次负荷的阻

抗角。前项为空载比差 f_k；后项为负载比差 f_f。

$$\delta = \sin\delta = \frac{\overline{AC}}{OA} = \frac{I_0 Z_1}{U_1}\sin\left(90° - \varphi - \varphi_1\right) + \frac{I_2'\left(Z_1 + Z_2'\right)}{U_1}\sin\left(\varphi - \varphi_2\right)$$

$$= -\left[\frac{I_0 r_1 \cos\varphi - I_0 x_1 \sin\varphi}{U_1} + \frac{I_2'(r_1 + r_2')\sin\varphi - I_2'(X_1 + X_2')\cos\varphi}{U_1}\right]\times 100\%\,(\mathrm{rad}) \tag{2-50}$$

式（2-50）中，前项为空载角差；后项为负载角差。

3. 影响电压互感器误差的因素

（1）电压对误差的影响。由于铁心的磁导率和损耗角都不是常数，在电压互感器正常运行范围内，随着电压的增大，铁心磁密增大，磁导率和损耗角先增大，然后减小，即随着电压的增大，I_0'/U_1 先减小且超前，然后增大且滞后，因此空载比差 $|f_k|$ 和空载角差 δ_k 先随着电压的增大而减小，然后再增大。比差和角差与电压的关系曲线如图 2-18 所示。

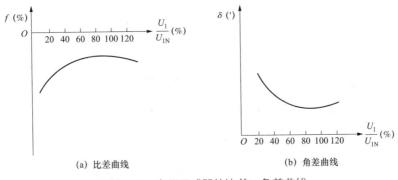

(a) 比差曲线   (b) 角差曲线

图 2-18　电压互感器的比差、角差曲线

（2）二次负荷对误差的影响。由式（2-48）可见，ε_f 与二次负荷导纳的大小成正比，且与电压的大小无关，因此额定负荷下和下限负荷下的两条比差曲线形状完全相同，两条角差曲线的形状也完全相同。这也就是说，在任意电压下，额定负荷与下限负荷的比差的差值相同，角差的差值也相同。且负荷增大比差向负方向变化，角差向正方向变化。

二次负荷功率因数也就是二次负荷导纳角 φ 的余弦 $\cos\varphi$，它只影响电压互感器负载误差 ε_f 的相位，而不影响 ε_f 的大小。当 $\cos\varphi = 0.8$（滞后）时，负载误差一般在第二象限，负载比差 f_f 为负值，负载角差 δ_f 为正值。当 $\cos\varphi = 1$ 时，在第三象限，f_f 仍为负值，δ_f 也是负值。如图 2-19 所示，当 $\cos\varphi$ 为 $0.8 \sim 1$ 时，ε_f 的大小不变，角度增大 $36.8°$，f_f 变化不大，可能减小，也可能增大，且仍为负值；而 δ_f 减小，由正值变为负值。

电压互感器误差与电压关系曲线和负载误差与电压关系曲线，可以合成画出电压互感器误差与电压关系曲线，简称为误差曲线。电压误差 $f = f_k + f_f$ 与电压关系曲线叫电压误差曲线；相位差 $\delta = \delta_k + \delta_f$ 与电压关系曲线，叫相位差曲线。

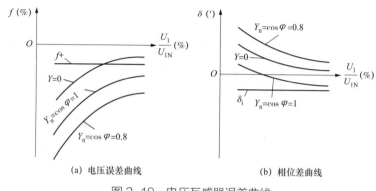

(a) 电压误差曲线　　　　(b) 相位差曲线

图 2-19　电压互感器误差曲线

（3）绕组匝数对误差的影响。绕组匝数对误差影响很大，当匝数增大时，空载电流 $\dot{I}_0$ 减小，但一次绕组和二次绕组内阻抗，特别是漏抗显著增大，因而空载误差 ε_k 变化不大，而负载误差 ε_f 显著增大，互感器误差 ε 增大。因此准确度等级高或二次负荷导纳大的电压互感器，绕组匝数应减小，这与电流互感器正好相反。

（4）铁心平均磁路长度对误差的影响。铁心平均磁路长度与励磁导纳成正比，而空载误差 ε_k 与 Y_m 成正比，因此也与铁心平均磁路长度成正比。为了减小误差，在保证装下一次、二次绕组以及绝缘的条件下，应尽可能缩小铁心窗口的面积。同时铁心横截面尽可能选择多级梯形、正方形或者高度比宽度大的长方形，即同样铁心窗口、同样铁心横截面且绕组每匝长度基本相同等条件下，使铁心平均磁路长度尽可能短。这样，既减小了空载误差，又节省了铁心材料，减轻了质量。

（5）铁心材料和磁密对误差的影响。空载误差与空载电流成正比，与铁心的磁导率成反比。铁心材料的磁导率越高，空载误差越小。铁心的饱和磁密（铁心开始饱和时的磁密）越高，在相同的横截面下，绕组匝数越少，空载误差略有增大，而负载误差显著减小。因此应该选用磁导率高且饱和磁密也高的冷轧硅钢片做电压互感器铁心，铁镍合金的磁导率虽比冷轧硅钢片高，但饱和磁密却只有冷轧硅钢片的1/2，因此一般选用冷轧硅钢片做电压互感器比铁镍合金好，这与电流互感器相反。

（6）电源频率对误差的影响。当电源频率降低或增高时，铁心的磁密相应增大或减小，如果铁心不饱和，则对空载误差影响不大。同时绕组的漏抗与电源频率成正比，负载误差将随频率的增大而增大。在高压电压互感器中，漏电容电流也和频率成正比，也影响互感器的误差。因此，电源频率在 ±5% 范围内变动，对电压互感器的误差影响不大。如电源频率变化超过 ±5%，引起铁心饱和或漏抗、漏电容电流显著增大，都会使互感器的误差增大。

2.3 电容式电压互感器

电容式电压互感器，简称为 CVT，广泛应用于 110kV 及以上电压等级电力系统中。电容式电压互感器具有电磁式电压互感器的全部功能，同时可作为载波通信的耦合电容器，其耐雷电冲击性能理论上比电磁式电压互感器优越，可以降低雷电波的波头陡度，对变电站电气一次设备有保护作用，不存在电磁式电压互感器与断路器断口电容的串联铁磁谐振问题，价格比较便宜，且电压等级越高优势越明显，有取代电磁式电压互感器的趋势。与电磁式电压互感器相比，电容式电压互感器也有其不足之处，如电源频率和温度改变会引入附加误差，稳定性受电容量变化影响，当系统发生短路等故障而使电压突变时，其暂态过程要比电磁式互感器长得多，如不采取有效措施将会导致继电保护不能正常工作。电磁式与电容式电压互感器性能比较见表 2-3。

表 2-3　　　　　　　　　　　　电压互感器型号的意义

项目		电磁式	电容式
误差稳定性		较好	较差
频率改变对互感器误差影响		较小	较大
温度改变对互感器误差影响		较小	较大
邻近效应及外电场影响		较小	较大
造价	220kV 以下	较低	较高
	220kV 及以上	较高	较低
暂态响应特性		较好	较差
绝缘结构及绝缘强度		220kV 以上，绝缘结构较复杂	较好
运行安全性		较差	较好

2.3.1 电容式电压互感器的基本结构

电容式电压互感器的结构如图 2-20 所示。

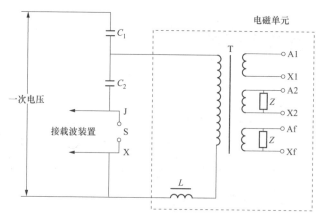

图 2-20　电容式电压互感器

C_1、C_2—分压电容器；T—中压变压器；L—补偿电抗器；Z—阻尼器；
S—保护间隙；A1X1、A2X2—主二次绕组；AfXf—剩余电压绕组

电容式电压互感器总体上可分为电容分压器和电磁单元两大部分。电容
分压器由高压电容 C_1 及中压电容 C_2 组成，电磁单元则由中间变压器、补偿

电抗器及限压装置、阻尼器等组成。电容分压器 C_1、C_2 都装在瓷套内，从外形上看是一个单节或多节带瓷套的耦合电容器。电磁单元目前将中间变压器、补偿电抗器及所有附件都装在一个铁壳箱体内。

根据电容分压器和电磁单元的组装方式，可分为叠装式（一体式）和分装式两大类。叠装式是电容分压器叠装在电磁单元油箱之上，电容分压器的下节底盖上有一个中压出线套管和一个低压出线套管，伸入电磁单元内部将电容分压器中压端与电磁单元相连，有的产品还将中压端引出以供测试电容和介质损耗用。分装式产品是将电容分压器中压端在外部和电磁单元连接。目前国内大多采用叠装式结构。

1. 电容分压器

电容分压器由单节或多节耦合电容器构成，耦合电容器则主要由电容芯体和金属膨胀器（或称扩张器）组成。由电容分压器从电网高电压抽取一个中间电压，送入中间变压器。

电容芯体由多个串联的电容元件组成，每个电容元件由铝箔电极和放在其间数层电容介质卷绕后压扁并经过高真空浸渍处理而成。芯体通常是四根电工绝缘纸板拉杆压紧或直接由瓷套两端法兰压紧。

电容介质早期产品为全纸式并浸渍矿物油，由于存在高强电场下易析出气体、局部放电性能差等缺点，后来都采用聚丙烯薄膜与电容器纸复合浸渍有机合成绝缘介质体系，国内常见的一般为二膜三纸或二膜一纸，浸渍剂主要是十二烷基苯（AB），也用二芳基乙烷（PXE），聚丙烯薄膜的机械强度高，电气性能好，耐电强度高，是油浸纸的 4 倍，介质损耗则为后者的 1/10，加之合成油的吸气性能好，采用膜纸复合介质后可使电容式电压互感器电气性能大大改善，绝缘强度提高，介质损耗下降，局部放电性能改善，电容量增大，同时由于薄膜与油浸纸的温度特性互补，合理的膜纸搭配可使电容器的电容温度系数大幅度降低，有利于提高电容式电压互感器的准确度，增大额定输出容量和提高运行可靠性。

电容器内部充以绝缘浸渍剂，随着温度的变化浸渍剂体积会发生变化，早期产品是在设计成瓷套内部微正压（约 0.1MPa）。膨胀器由薄钢板焊接而成，分内置式（外油式）及外置式（内油式）两种，结构与电磁式电压互感器所用金属膨胀器类似。

2. 电磁单元

电磁单元主要由中间变压器、补偿电抗器、阻尼器及限压装置组成，电磁单元铁壳油箱内可以充以不同的浸渍剂，如变压器油、电容器油、十二烷基苯等，但都与电容分压器油路不相通，在油箱顶部都留有一定空气层（或充以氮气）以补偿绝缘油因温度造成体积变化，并可避免电磁单元发热的热量直接传至电容单元，引起高、中压电容形成温差。

（1）中间变压器。电容式电压互感器的中间变压器实际上相当于一台 13~20kV 的电磁式电压互感器，将中间电压变成二次电压。其参数应符合电容式电压互感器的特殊要求，如高压绕组应设调节绕组以便增减绕组匝数，铁心磁密取值应较低，以适应防铁磁谐振要求等。铁心采用外轭内铁式三柱铁心，绕组排列顺序为芯柱—辅助绕组—二次绕组—高压绕组。

（2）补偿电抗器。由于电容的容抗很大，分压电容上的输出电压会随着负荷的变化而变化，给分压器带来很大的误差，因此电容分压器只能空载运行，而不能带负荷运行。为了使电容器带负荷运行，在分压回路中串联一个电抗器 L，以补偿电容的容抗。补偿电抗器常采用山字形或 C 形铁心，铁心具有可调气隙，在误差调完后再用纸板填满并固定，目前国内产品均已用固定气隙，绕组设调节抽头以用于调节电感。补偿电抗器可安装在高电位侧（接在中间变压器之前），也可安装在低电位侧（接在接地端），两者匝间绝缘要求相同，但主绝缘要求不同，前者对地绝缘要求达到分压器中压端的绝缘水平。

（3）阻尼器。电容式电压互感器使用的阻尼器基本上常采用电阻型、谐振型和速饱和型三种。

电阻型阻尼器是早期常用的阻尼器，其结构就是一个简单的电阻，由 RXY 线绕被釉电阻构成，其阻值及功率应达到设计要求，一般以钢板做外壳安装在离电容式电压互感器不远的地方，安装处所应注意空气流畅，散热良好，并防止雨水浸入。纯电阻型阻尼器目前已逐渐淘汰。

谐振型阻尼器采用电感 L 与电容 C 并联后再与电阻 R 串联而成，电感 L 采用山字形带气隙的硅钢片铁心柱套上绕组制成，为使电感在正常运行时与发生分次谐波谐振时电感值接近相等，应使电感在额定运行条件下磁密较低，气隙的选取也应适当。

速饱和型阻尼器由速饱和电抗器和电阻串联构成，电抗器常采用坡莫合金环形铁心绕制一次绕组构成，坡莫合金具有良好饱和特性，正常电压下运行时通过电抗器的电流很小，产生各类谐振，铁心立即饱和，电流猛增而消除谐振。

3. 过电压保护器件

（1）补偿电抗器两端的限压器。补偿电抗器正常运行时两端的电压只有几百伏，当电容式电压互感器二次侧发生短路和开断时，补偿电抗器两端电压将出现过电压，必须加以限制才能保证安全，限压元件除了能降低电抗器两端电压（一般产品按补偿电抗器额定工况下电压 4 倍考虑）外，还能对阻磁谐振起良好的作用。常见的限压元件有间隙加电阻、氧化锌阀片加电阻或不加电阻、补偿电抗器设二次绕组并接入间隙和电阻等，大部分产品均将限压器安装在电磁单元油箱内，保护间隙常用绝缘套做外壳，内装电极和云母片。也有部分产品将限压器安装在油箱外的出线板上。

（2）中压端限压元件。因限压元件经常出现故障，目前要求电容式电压互感器中压端不设限压元件，因为单元的绝缘足以承受过电压的作用。但也有一些产品在中压端装有限压元件，不仅仅是利用限压器来限压，而往往是借助于它达到消除铁磁谐振的要求。常见的中压端限压元件有氧化锌避雷器和放电间隙两种，一般均装在电磁单元油箱内部。当用于分体式电容互感器时，间隙也可装在空气中，接于中压端与地之间，其放电电压取中间电压的 4 倍。

4. 电容式电压互感器的型号及端子标志

电容式电压互感器型号表示如下：

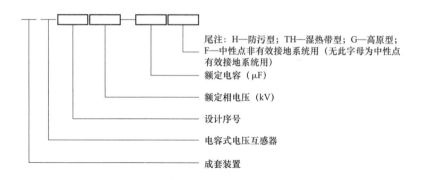

电容式电压互感器典型电路如图 2-21 所示。

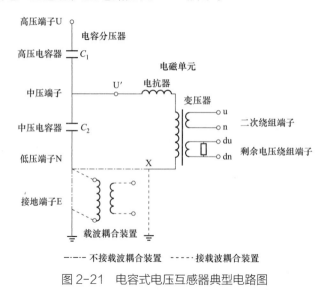

图 2-21　电容式电压互感器典型电路图

互感器的高压端子和低压端子分别用大写字母 U 和 N 表示，中压端用 U′表示；二次绕组端子分别用小写字母 u 和 n 表示；剩余电压绕组的端子分别用复合字母 du 和 dn 表示。在实际运用中，具有多个二次绕组时，用 u1、n1 和 u2、n2 表示。

2.3.2　电容式电压互感器的工作原理

1.基本工作原理

现代电容式电压互感器主要由电容分压器与电压绕组端子电磁单元压器、

中压变压器、补偿电抗器、阻尼等部分组成，后三部分总称为电磁单元。

（1）电容式电压互感器电路如图 2-22 所示。当施加电压于 C_1 和 C_2 组成的电容分压器时，如中压电容器未接电单元等并联阻抗，从 U′ 向系统看进去则为一个有源二端网络，应用戴维南定理，可以用一个等效电压和一个等效阻抗来代替。

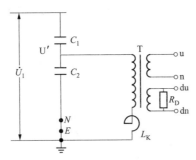

图 2-22　电容式电压互感器电路图

C_1、C_2—高压和中压电容；L_K—补偿电抗器；T—中压变压器；R_D—阻尼器；
u、n、du、dm—二次绕组端子及剩余电压绕组端子

等效电压

$$U_U = U_1 \frac{C_1}{C_1 + C_2} = \frac{U_1}{K} \qquad (2-51)$$

分压比

$$K = (C_1 + C_2) / C_1 \qquad (2-52)$$

等效阻抗

$$X_C = \frac{1}{\omega(C_1 + C_2)} \qquad (2-53)$$

由此可见，等效电压就是串联电容 C_2 上的分压，它是利用容抗来分压，而等效阻抗就是电容 C_1 和 C_2 的并联容抗，即等效电容 C_1+C_2 的电抗。

（2）电容式电压互感器等效电路如图 2-23 所示。图 2-23 所示电路与电磁式互感器等效电路相似，不同的是一次电压变成等效电压 $U_1 \dfrac{C_1}{C_1 + C_2}$，回路中增加了等值电容电抗 X_C 和补偿电抗 X_L。

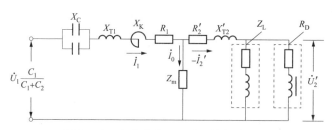

图 2-23　电容式电压互感器等效电路图

X_C—等效电容（$C_1 + C_2$）的电抗；X_{T1}、—X'_{T2} 中压变压器一、二次绕组的漏抗（折算到一次侧）；
R_1—中压变压器一次绕组和补偿电抗器绕组直流电阻及电容分压损耗等效电阻之和
（$R_1 = R_C + R_K + R_{T1}$）；R'—中压变压器二次绕组的直流电阻（折算到一次侧）；
Z_m—中间变压器的励磁阻抗；X_K—补偿电抗器的电抗

当分压电容器不带电磁单元时，此时将得到开路中间电压。即等效电压

$$U_U = U_1 = \frac{C_1}{C_1 + C_2} = \frac{U_1}{K} \tag{2-54}$$

如分压电容器带有电磁单元而不设补偿电抗 L_K，当接入二次负荷后，由于等效电容（$C_1 + C_2$）而形成较大的内阻抗 X_C，使输出电压发生很大变化，此时中间电压变为

$$U_U = \frac{U_1}{K} - I_1 X_C \tag{2-55}$$

式中　I_1——中压回路电流。

这时电容式互感器二次电压将不能正确传递电网一次电压信息，因而无法使用。

为了抵偿 X_C 的影响，必须在分压器回路中串联一只补偿电抗器 X_L，并在额定频率下，满足 $X_C \approx X_L + X_{T1} + X_{T2}$，这样等效电容的压降就被电抗器 X_L 及变压器漏抗降所补偿，U_2 将只受数值很小的电阻 R_1 和 R_2' 压降的影响，互感器的二次电压与一次电压之间将获得正确的相位关系。一般设计时，常使整个等效回路的感抗值略大于容抗值，称为过补偿，以减少电容对角差的影响。

2. 误差与影响因素

电容式电压互感器的误差包含电容分压器误差、电磁单元误差，电源频率变化和温度变化引起的附加误差等。

（1）电容分压器误差。电容分压器误差包括电压误差（分压比误差）和相位差（角差）。

1）电压误差。当高压电容 C_1 和中压电容 C_2 的实际值与额定值 C_{1N} 和 C_{2N} 不相等时，就会产生电压误差，其值为

$$f_C = \frac{C_{1N}}{C_{1N} + C_{2N}} - \frac{C_1}{C_1 + C_2} \qquad (2\text{-}56)$$

为了使分压器的分压比误差不超过其额定分压比的 ±5%，各单元的电压分布误差不应超过其额定分压的 ±5%。国家标准规定，C_1 和 C_2 各自电容量制造容差为 −5% ~ +10%，但当 C_1 和 C_2 组成分压器时，电容器叠柱中任何两个单元的实测电容量的比值与这两个值和这两个单元的额定电容的比值差应不大于后一比值的 5%。同时还在中压变压器一次绕组设有分接头，对分压比误差进行调整或消除。因此，在现场安装时，应按制造厂调配时的实测电容量予以组合，并对号入座，否则将无法保证电容式电压互感器的误差特性。

2）相位差。额定频率下可以利用电抗器的调节绕组对相位差进行调整，但当电容 C_1 和 C_2 的介质损耗因数不相等时，还会增加相位差，其值为

$$\delta_C = \frac{C_2}{C_1 + C_2}(\tan\delta_2 - \tan\delta_1) \times 3440(') \qquad (2\text{-}57)$$

（2）电磁单元误差。电磁单元误差包括空载误差和负荷误差。

1）空载误差。其相量图如图 2-24 所示。

电压误差

$$f_0(\%) = \frac{K_N U_2 - U_1}{U_1} \times 100 \frac{\Delta U_0}{U_1} \times 100 = \frac{-(I_0 R_1 \sin\theta + I_0 X_0 \cos\theta)}{U_1} \times 100 \qquad (2\text{-}58)$$

相位差

$$\delta_0 \approx \tan\delta_0 = \frac{I_0 R_1 \cos\theta - I_0 X_0 \sin\theta)}{U_1} \times 3440(')$$

$$X_0 = X_{T1} + X_K - X_C \qquad\qquad (2\text{-}59)$$

$$R_1 = R_C = R_K + R_{T1}$$

式中　K_N——中间变压器额定电压比；

　U_1、U_2——实际中间电压和二次电压，kV；

　　　I_0——空载电流，A；

　　　θ——磁损耗角；

　　　X_0——中压一次侧电抗之和，Ω；

　　　R_1——中压一次侧电阻之和，Ω。

2）负荷误差。其相量图如图 2-25 所示。

电压误差

$$f_L(\%) = \frac{\Delta U_1}{U_1^2} \times 100 = \frac{-RS_N \cos\varphi + X_L S_N \sin\varphi}{U_1^2} \times 100 \qquad (2\text{-}60)$$

电位差

$$\delta_L = \tan\delta_L = \frac{RS_N \sin\varphi - X_L S_N \cos\varphi}{U_1^2} \times 3440(')$$

$$X_L = X_{T1} + X'_{T2} + X_K - X_C = X_1 - X_C \qquad (2\text{-}61)$$

$$R = R_1 + R_2'$$

式中　S_N——额定输出容量；

　　　φ——负荷功率因数角。

（3）误差—频率特性。上面所讨论的误差，都是额定频率条件下的情况，实际上电网中电源频率经常是偏离额定频率的，这样 $|X_1 - X_C|$ 的值将发生变化，$|X_1 - X_C| = X_0$ 称为剩余电抗，相对于额定容抗之比 $\dfrac{X_0}{X_C} = 2\Delta f$，即剩余电抗的变化率为频率变化量的 2 倍，这一剩余电抗就是无法消除的，从而引起固有的附加误差，即所谓的频率特性。

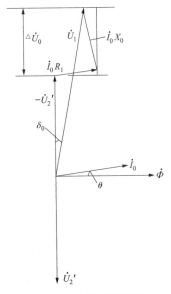

图 2-24 空载误差相量图

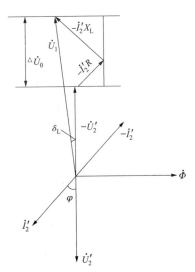

图 2-25 负荷误差相量图

剩余阻抗所造成的电压降为

$$\Delta U_X = (X_1 - X_C)I = \left(\omega L_1 - \frac{1}{\omega C}\right)\frac{S}{U_1} \qquad (2\text{-}62)$$

由于在额定频率下，应满足 $X_1 - X_C = 0$，故有 $L_1 = \dfrac{1}{\omega_N^2 C}$，则式（2-62）演变为

$$\Delta U_X(\%) = \left(\frac{\omega}{\omega_N} - \frac{\omega_N}{\omega}\right)\frac{S}{\omega_N C U_1^2} \times 100 \qquad (2\text{-}63)$$

则随频率变化而引起的电压压误差和相位差分别为：

电压误差

$$\Delta f \omega(\%) = \Delta U_X(\%)\sin\varphi = \left(\frac{\omega}{\omega_N} - \frac{\omega_N}{\omega}\right)\frac{Q}{\omega_N(C_1 + C_2)U_1^2} \times 100 \qquad (2\text{-}64)$$

相位误差

$$\Delta \delta \omega(\%) = \Delta U_X(\%)\cos\varphi = \left(\frac{\omega}{\omega_N} - \frac{\omega_N}{\omega}\right)\frac{P}{\omega_N(C_1 + C_2)U_1^2} \times 3440(') \qquad (2\text{-}65)$$

$$C = C_1 + C_2$$

式中　P——有功功率，kW，$P = S\cos\varphi$；

　　　Q——无功功率，kvar，$Q = S\sin\varphi$；

　　　ω——实际角频率；

　　　ω_N——额定角频率；

　　　U_1——额定中压电压，kV；

　　　C——等效电容，F。

（4）误差—温度特性。温度变化将引起 C_1 和 C_2 电容量的变化，先是由于容抗改变而产生剩余电抗造成误差，其次是 C_1 和 C_2 温差产生分压比误差，影响准确度。

1）剩余电抗产生误差。一般油纸介质，在温度 $-60° \sim +60°$ 范围内，电容量变化呈线性特性，此时有

$$C = C_0 \left(1 + \partial_C \Delta\tau\right) \tag{2-66}$$

式中　C_0——基准温度时的电容值，F；

　　　∂_C——电容温度系数；

　　　$\Delta\tau$——温度变化值，℃。

剩余电抗压降

$$\Delta U_r (\%) = \frac{S\partial_C \Delta\tau}{\omega_N (C_1 + C_2) U_1^2} \times 100 \tag{2-67}$$

相位差

$$\Delta\delta_r = \frac{P\partial_C \Delta\tau}{\omega_N (C_1 + C_2) U_1^2} \times 3440 (') \tag{2-68}$$

2）分压比误差。当 C_1 及 C_2 在不同温度下运行时，则电容分压器的分压比 $\dfrac{C_1 + C_2}{C_1}$ 将偏离基准温度的值而产生误差。电容温度系数绝对值应不大于 $5 \times 10^{-4} K$，若 C_1 与 C_2 运行温度相差 10K，则分压比误差可达到 $5 \times 10^{-4} K \times 10 = 0.5\%$，是非常严重的。

为了使互感器的误差温度特性满足要求，电容分压器设计时，除了要选用电容温度系数低的介质材料外，更重要的是 C_1 与 C_2 具有同一结构，有相

同的发热和散热条件，使温度差而引起的分压比误差 $\dfrac{C_1+C_2}{C_1}$ 大大下降。

（5）总误差。电容式电压互感器的总误差应为综合以上各类误差的结果，并要求限制在准确度等级所规定的误差限值范围之内。为此，通常在中间变压器一次绕组和补偿电抗器设置一定数量的调节绕组抽头，以对应于实测的 C_1+C_2 来进行精确调整，将电压误差和相位差减小到最低限度。

提高准确度等级和额定输出容量的主要措施一般是将中间电压由传统的 13kV 提高到 20kV 左右，电容量由过去产品的 5000～7500pF 提高到 10000pF。这些措施还减小了频率和温度变化对误差的影响，同时也有利于降低高频衰耗，改善载波通信的效果。

第 3 章

传感器技术

传感器是将反映设备状态的各种物理量，诸如电、热、机械力、化学等按照一定的规律（数学函数法则）转换成可用信号的器件或装置。传感器是状态监测和故障诊断的第一步，也是很重要的一步，它直接影响着监测与诊断的成败。因为电信号最易于作各种处理，故不论该物理量是电量还是非电量，一般均由传感器将其转换为电信号后送至后续单元。

对传感器的基本要求是：①能检测出反映设备状态的特征量的信号，有良好的静态特性和动态特性。前者包括灵敏度、线性度、分辨率、准确度、稳定度、迟滞，后者则指频率响应特性。②对被测设备无影响，吸收被测系统的能量极小，能和后续单元很好地匹配。③工作可靠性好，寿命长。

若按工作时是否需要外加辅助能量支持来分类，传感器可分为无源传感器和有源传感器两类。

根据传感技术的发展阶段则分为：①结构型传感器，它目前使用得最广；②物性型传感器，它是当前发展最快、新品最多的传感器，特别是由半导体敏感元件制成的物性型传感器；③智能型传感器，是将传感元件与后续的信号处理电路组成一个很小的模块的传感器，它代表着传感器的发展方向。本章介绍一些在监测和诊断系统中常用的传感器。

3.1 温度传感器

3.1.1 固体温度传感器

1. 热电偶

当将两种不同金属丝（或半导体）的两端连接起来，并将两端保持在不同温度时，在其所形成的回路中会产生热电动势，称为温差电效应。根据温差和热电动势的关系（事先制成标准曲线）得到待测温度。这是一种点接触式的温度计，结构简单，对待测物体的温度影响小，热容量小，响应时间短，适合于快速变化的温度测量。热电偶的测量范围为 –273~3000℃，例如铜—康铜组成的热电偶其测温范围为 –250~400℃，在 400℃时的热电动势（输出电压）为 20mV。其缺点是灵敏度低，重复性不太好，线性很差。

2. 电阻式温度计

电阻式温度计可以利用高强度的金属电阻丝稳定的正温度系数这一特点来监测温度。铂、镍和铜均广泛用于电阻式温度计，电阻的基值通常选定在 0℃时为 100Ω。电阻式温度计又分为薄膜式和金属丝绕制两种。薄膜式是将铂蒸发到一个陶瓷衬底上，再加以适当密封后制成，测温范围可达 600℃，可广泛用作气体温度的测温元件。通常用惠斯通电桥来测定其电阻值。电阻式温度计的优点是线性度范围大，有较高的测量准确度。但其灵敏度较低，价格较贵，薄膜式的阻值长时间使用后还会产生漂移。它是一种面接触式温度计，测温部分通常在几至几十毫米之间，对温差大的固体测的是平均温度，对快速变化的温度会产生滞后偏差，故较适于测量稳态温度。

3.1.2 半导体温度传感器

最早出现的半导体温敏器件是热敏电阻，它是由 MnO、CoO、NO 等金属氧化物为基本成分制成的陶瓷半导体，其电阻值是温度的函数。其优点是灵敏度高、响应快、体积小、成本低，典型工作温度为 -60 ~ 300℃，最高温度可达到600℃，甚至1000℃，已广泛应用于各个领域。其主要缺点是线性度差，需在测量系统中作修正和补偿，不能用作精密测量。

温敏二极管的工作原理是基于在恒定电流条件下，PN 结的正向电压与温度在很宽范围内成的良好线性关系，例如硅温敏二极管可制成 1 ~ 400K 的全量程低温温度计。温敏晶体管是在恒定集电极电流 I_C 条件下，发射结上的正向电压 U_{BE} 随温度上升而近似线性下降，且比二极管有更好的线性和互换性，发展很快。

集成电路温度传感器是将作为感温器件的温敏晶体管及其外围电路集成在同一单片上的小型化集成化温度传感器，使用方便，成本低，成为半导体温度传感器的主要发展方向，广泛应用于许多场合。温敏晶体管的 U_{BE} 与温度的关系实际上是不完全的线性关系，加之不同管子的电压值还存在分散性，故集成化的温度传感器均采用差分电路，可给出直接正比于绝对温度的理想的线性输出。

3.1.3 光纤温度传感器

光纤温度传感器仍以半导体做温敏元件，当光源发出光透过它时，透射光的强度随温度的上升而下降，有较好的线性度。用光探测器（例如雪崩光电二极管）测定透射光的强度即可测得其所在处的温度，测温范围为 –10 ~ 300℃，准确度为 ±1 ~ ±3℃。其特点是体积小，抗电磁干扰性能强，传光用光纤绝缘性能优良，特别适用于监测高电位处或设备内部的温度。由于光纤温度传感器的光纤不作为敏感元件而只是作为光信号传输之用，故称为传光型光纤温度传感器。

功能型光纤温度传感器利用光纤本身的温敏特性，例如利用光在光纤中的拉曼散射效应来监测电缆沿轴向的温度分布。方法是将光纤事先安装在交联聚乙烯电缆中并沿电缆长度方向安放，当激光脉冲通过光纤时，会产生散射，包括瑞利散射和拉曼散射，后者和光纤温度有较密切的关系，故可通过测量和分析瑞利散射的背向散射（或者返回光纤入射端的散射光）去确定拉曼散射点的温度。此外可通过测量入射的激光脉冲被散射并返回到入射端的时间来确定散射点的位置。

3.2 湿度传感器

湿敏元件是最简单的湿度传感器。湿敏元件主要有电阻式、电容式两大类。湿敏电阻的特点是在基片上覆盖一层用感湿材料制成的膜，当空气中的水蒸气吸附在感湿膜上时，元件的电阻率和电阻值都发生变化，利用这一特性即可测量湿度。湿敏电容一般是用高分子薄膜电容制成的，常用的高分子材料有聚苯乙烯、聚酰亚胺、醋酸醋酸纤维等。当环境湿度发生改变时，湿敏电容的介电常数发生变化,使其电容量也发生变化,其电容变化量与相对湿度成正比。

湿敏元件的线性度及抗污染性差,在检测环境湿度时,湿敏元件要长期暴露在待测环境中,很容易被污染而影响其测量精度及长期稳定性。下面对各种湿度传感器进行简单的介绍。

3.2.1 氯化锂湿度传感器

(1)电阻式氯化锂湿度计。电阻式氯化锂湿度计核心器件是氯化锂电湿敏元件。第一个基于电阻—湿度特性原理的氯化锂电湿敏元件是美国标准局的 F.W.Dunmore 研制出来的。这种元件具有较高的精度,同时结构简单、价廉,适用于常温常湿的测控。

氯化锂元件的测量范围与湿敏层的氯化锂浓度及其他成分有关。单个元件的有效感湿范围一般在 20%RH 以内。例如 0.05% 的浓度对应的感湿范围约为(80~100)%RH,0.2% 的浓度对应范围是(60~80)%RH 等。由此可见,要测量较宽的湿度范围时,必须把不同浓度的元件组合在一起使用。可用于全量程测量的湿度计组合的元件数一般为 5 个,采用元件组合法的氯化锂湿度计可测范围通常为(15~100)%RH,国外有些产品声称其测量范围可达(2~100)%RH。

(2)露点式氯化锂湿度计。露点式氯化锂湿度计是由美国的 Forboro 公司首先研制出来的,其后我国和许多国家都做了大量的研究工作。这种湿度计和上述电阻式氯化锂湿度计形式相似,但工作原理却完全不同。简而言之,它是利用氯化锂饱和水溶液的饱和水汽压随温度变化而进行工作的。

3.2.2 碳湿敏元件

碳湿敏元件是美国的 E.K.Carver 和 C.W.Breasefield 于 1942 年首先提出来的,与常用的毛发、肠衣和氯化锂等探空元件相比,碳湿敏元件具有响应速度快、重复性好、无冲蚀效应和滞后环窄等优点,因之令人瞩目。我国气象部门于 20 世纪 70 年代初开展碳湿敏元件的研制，并取得了积极的成果，其测量不确定度不超过 ±5%RH，时间常数在正温时为 2 ~ 3s，滞差一般在 7% 左右，比阻稳定性亦较好。

3.2.3 氧化铝湿度计

氧化铝传感器的突出优点是，体积可以非常小（例如用于探空仪的湿敏元件仅 90μm 厚、12mg），灵敏度高（测量下限达 –110℃露点），响应速度快（一般为 0.3 ~ 3s），测量信号直接以电参量的形式输出，大大简化了数据处理程序。另外，它还适用于测量液体中的水分。如上特点正是工业和气象中的某些测量领域所需要的。因此它被认为是进行高空大气探测可供选择的几种合乎要求的传感器之一。也正是因为这些特点使人们对这种方法产生浓厚的兴趣。然而遗憾的是，尽管许多国家的专业人员为改进传感器的性能进行了不懈的努力，但是在探索生产质量稳定的产品的工艺条件，以及提高性能稳定性等与实用有关的重要问题上始终未能取得重大的突破。因此，到目前为止，传感器通常只能在特定的条件和有限的范围内使用。近年来，这种方法在工业中的低霜点测量方面开始崭露头角。

3.2.4 陶瓷湿度传感器

在湿度测量领域中，对于低湿和高湿及其在低温和高温条件下的测量，到目前为止仍然是一个薄弱环节，而其中又以高温条件下的湿度测量技术最为落后。以往，通风干湿球湿度计几乎是在这个温度条件下可以使用的唯一方法，而该法在实际使用中亦存在种种问题，无法令人满意。另一方面，科学技术的进展，要求在高温下测量湿度的场合越来越多，例如水泥、金属冶炼、食品加工等涉及工艺条件和质量控制的许多工业过程的湿度测量与控制。因此，自 20 世纪 60 年代起，许多国家开始竞相研制适用于高温条件下进行测量的湿度传感器。考虑到传感器的使用条件，人们很自然地把探索方向着眼于既具有吸水性又能耐高温的某些无机物上。实践已经证明，陶瓷元件不仅具有湿敏特性，而且还可以作为感温元件和气敏元件。这些特性使它极有可能成为一种有发展前途的多功能传感器。寺日、福岛、新田等人在这方面已经迈出了颇为成功的一步。他们于 1980 年研制成被称为"湿瓷 – Ⅱ型"和"湿瓷 – Ⅲ型"的多功能传感器。前者可测控温度和湿度，主要用于空调，后者可用来测量湿度和诸如酒精等多种有机蒸气，主要用于食品加工方面。

3.3 红外线传感器

任何物体只要其温度高于绝对零度，随着原子或分子的热运动，就有热能转变的热辐射向外部发射，以电磁波形式释放。物体温度不同，其辐射出的能量和波长都不同，但总包含红外线的波谱在内，仅峰值波长可随温度的降低而变长，波段则变窄。红外线电磁波的波长为 $0.76 \sim 1000 \mu m$。当它在大气中传播时，大气会有选择地吸收红外辐射而使之衰减，仅能穿透三个较小的波段，即 $1 \sim 2.5 \mu m$、$3 \sim 5.0 \mu m$、$8 \sim 14 \mu m$，这三个波段称为红外线的大气透射窗口。

红外线传感器可接收这些波段的红外辐射并转换为相应的电信号，从而测得物体的温度。故红外测温是一种非接触式的温度测量，它不存在热接触和热平衡带来的缺点和应用范围的限制。它测温速度快、范围宽、灵敏度高、对被测温度场无干扰，可测量各种物体的温度，包括液面和微小的、运动的、远距离的目标，特别适用于在线监测。

红外线传感器也称红外探测器，它的主要技术参数为：①灵敏度（V/W），即探测器的输出信号电压与入射到探测器的辐射功率之比；②响应时间，指传感器受辐射照射时，输出信号上升到稳定值的 63% 时所需的时间；③噪声等效功率（NEP），当辐射小到它在探测器上产生的信号完全被探测器的噪声所淹没时的功率，它代表了探测器的探测极限；④探测率，当探测器的敏感元件具有单位面积、放大器的测量带宽为 1Hz 时，单位辐射功率所能获得的信号电压噪声比；⑤光谱响应，指传感器的响应度随入射波长的变化。

3.3.1 热探测器

它的测量机理是热效应，即利用敏感元件因接收红外辐射而使温度上升，从而引起一些参数变化，以达到测量红外辐射的目的。它的响应时间一般较长，在毫秒级以上，探测率也低于光子探测器 2~3 个数量级，但热探测器的光谱响应宽，可在室温下工作，使用方便，故仍有广泛的应用。

1.热敏电阻型探测器

热敏电阻型探测器一般是将锰、钴、镍金属氧化物按一定比例混合压制成型，经高温烧结制成热敏薄片作为敏感元件，具有较高的负温度系数。该探测器由两个相同的热敏片构成一个热敏电阻，一个为工作片，另一个为补偿片。工作时分别作为电桥电路的两臂，红外辐射透过热敏电阻的红外窗口射到作为工作片的热敏片上使之温度升高，热敏片的电阻亦随之改变并引起桥路对角线输出电压的改变。输出电压达到的稳定值就代表红外辐值功率的大小。从辐射照射开始到输出电压达到稳定值为止，这个间隔就是它的响应时间，一般为 1~10ms。

2.热电偶型探测器

热电偶型探测器用热电偶的温差电效应来测量红外辐射，又称测辐射热电偶。通常热电偶两臂分别用正温差电动势率和负温差电动势率的材料制成，以增加响应度。热电偶的热端与涂黑的接收面接触，接收面涂黑是为了更有效地吸收外来的辐射，其冷端点与热容量较大的物体接触（见图 3-1），使冷端保持在环境温度。早期的金属丝热电偶材料主要是铋、锑及其合金，它们的温差电动势每摄氏度为数十微伏，它两臂的热端应交接在一起作为电连接。后期的半导体热电偶材料一臂用 P 型材料，如铜、银、硒、硫、碲的合金，另一臂用 N 型材料，如硫化银、硒化银等。其温差电动势比金属约高一个数量级，每摄氏度为数百微伏，甚至更高。热电偶型探测器的响应时间较长，约 30~50ms。半导体热电偶的热端需焊接在涂黑接收面下面一层极薄的金属箔上，除了保证它和接收面有良好的热接触外，两热端间也有良好的电接触。

热电偶和涂黑接收面等都密封在高真空的管内，管壁上带有透过红外辐射的窗口。

为增加探测器输出，可以由许多热电偶串联成热电堆。热电堆最多可由一百多对热电偶组成。为降低热电偶的内阻，可将数对热电偶并联连接。为消除周围环境和杂光的干扰，可将两组性能相同的热电偶或热电堆反向连接，只用一组接收信号，另一组用来抵消干扰，这就是补偿式热电偶型探测器。

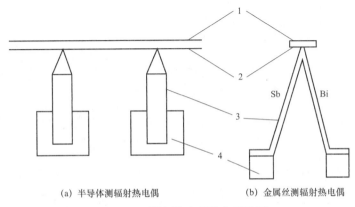

(a) 半导体测辐射热电偶　　　　　　　(b) 金属丝测辐射热电偶

图 3-1　测辐射热电偶结构示意图

1—涂黑的接收面；2—金属膜；3—热电偶的臂；4—大热容量支持物

3.3.2 热释电探测器

与其他探测器相比，热释电探测器响应时间短，可制成响应时间小于1s级的快速热释电探测器。与光子探测器相比，虽然灵敏度较低，但光谱响应宽，可从可见光到亚毫米区，相应的波长为 $0.4 \sim 1000\mu m$，且在室温下工作，故该探测器颇受重视，发展迅速。它的原理是热释电效应，所用的材料是热电晶体中的铁电体。这种极性晶体由于其内部晶胞的正、负电荷重心不重合，在外电场作用下，会出现类似磁滞回线那样的电滞回线，即其极化强度会随电场强度而增大，但在外加电压去除后，仍能保持一定的极化强度，称为自发极化强度。它是温度的函数，随温度升高而降低，相当于释放了一部分表面电荷。当温度高于居里温度时，就降为零。居里温度是晶体从铁电相转变为顺电相时的温度。由于自发极化，热电晶体外表面上应出现束缚电荷，平时这些束缚电荷常被晶体内渗和外来的自由电荷所中和，故晶体并不显示出有电场。但由于自由电荷中和面束缚电荷所需时间很长，约从数秒至数小时，而晶体自发极化的弛豫时间极短，约为皮秒级，故当热电晶体温度以一定频率发生变化时，由于面束缚电荷来不及被中和，晶体的自发极化强度或面束缚电荷必以同样的频率出现周期性变化，而在垂直于极化强度的两端面间产生一个交变电场，这就是热释电效应。

根据上述原理在使用热释电探测器时要注意两点：一是接受红外辐射的时间必须大于探测器的热平衡时间常数；二是只有温度有变化时，探测器才会有信号输出。为此对待测的红外辐射信号，需进行调制后去照射热电晶体，这样晶体的温度、自发极化强度以及由此引起的面束缚电荷密度均随调制频率 f 发生周期性变化。若 $1/f$ 小于自由电荷中和面束缚电荷所需要的时间，则在垂直于极化强度的两端面间将会产生交变开路电压。若在两个端面涂上电极并接以负载，则在负载上会输出交变的信号电压，这就是热释电探测器的基本工作原理。

热电系数（$C \cdot cm^{-2} \cdot K^{-1}$）是描述热电晶体自发极化强度随温度变化的基本参数。当温度比居里温度低得多时，热电系数很小；当离居里温度不太远时，热电系数值变大，且比较恒定，这一段温区适于做热释电探测器的工作温度，并希望这段温区宽些且在室温附近；当过于接近居里温度时，热电系数值起伏较大，不宜做工作温度。为此希望热释电材料的居里温度最好显著地高于室温。适合做热释电探测器的热电晶体有硫酸三甘肽（TGS）、锆钛酸铅（PET）、氮酸锂（LiTaO₃）等，选择的依据是热电系数大、介电常数小、热容量和介质损耗低。

3.3.3 光子探测器

光子探测器是利用某些物体中的电子因吸收红外辐射面改变其运动状态

这一原理进行测量的，其响应时间一般是微秒级。常用的光子探测器有光电导探测器、光伏探测器和多元阵列探测器三种。

1. 光电导探测器（光敏电阻）

当一种半导体材料吸收入射光子后，会激发附加的自由电子和（或）自由空穴，该半导体因增加了这些附加的自由载流子而使其电导率增加，称为光电导效应。测量这个变化可测得相应物体的温度。单晶型光电导探测器常用材料为碲镉汞（HgCdTe），它响应度高、响应频带宽，从 0 到数兆赫兹（指光电转换后的电信号），且易于和前置放大器连用。通常 8 ~ 14μm 的碲镉汞探测器工作于 77 ~ 193K，故工作时需有制冷条件。为进一步提高其灵敏度以满足热成像系统的要求，研制了长条形的碲镉汞扫积型器件，即将多元碲镉汞与集成电路配合，使之不仅具有光电信号转换功能，还有信号延时、传输和积分功能，并大大提高了器件的响应度和探测率。例如，8 条扫积型探测器组成的列阵，可相当于 50 个传统探测器组成的列阵所能得到的响应度，而体积和功耗则大大降低。薄膜型光电导探测器常用硫化铅 PbS 制成，其光谱响应伸展到 3μm，它可做成多元阵列，并向焦平面结构器件发展，是性能优良的红外探测器。

2. 光伏探测器

它利用了半导体的光生伏特效应，即材料吸收入射光子而产生附加载流子的地方由于有势垒存在，从而把不同的电荷分开而形成电动势差的效应。碲镉汞也可制成光伏探测器，工作于液氮制冷温度（77K）时的工作波段为 8 ~ 14μm。响应时间一般取决于电路常数，对于高频器件约为 5 ~ 10ns。具有类似性能的碲锡铅（PbSnTe）光伏探测器也是重要的光子探测器，可制成光电导探测器。

3. 多元阵列探测器

与普通电视成像一样，红外成像要求画面有足够多的像素，以保证图像的清晰度。实现的办法是红外探测器需对被测设备进行二维扫描，若探测器单元或元数很少时，需要相当高的扫描速度，致使红外光机扫描热成像仪变得相当复杂而庞大，使用很不方便。如果探测器有较多的敏感元，例如 64、128 元，可大大降低系统的扫描速度，使结构简单而易于实现。多元阵列探测器包括一维成列的（也称线阵）和二维成面阵的两种。当敏感元达到 128 元 ×128 元或 256 元 ×256 元时，即可构成数以万计的面阵列，此时红外成像系统就可以取消光机扫描机构，形成所谓的焦平面热成像系统。综合多元器件的优点为：增加了视场，提高了分辨率、帧速度和信噪比；增大了信息量；动态范围大，可以跟踪多个目标；光谱分辨率高；结构简化，可靠性高。同时，它也带来一些新问题，随着单元数的增加，引出线及相应的放大器也随之增加，将给信息处理带来麻烦；给要求制冷的探测器增加制冷的能耗和困难。

碲镉汞焦平面阵列器件在红外焦平面阵列中占有极其重要的位置。通过控制碲镉汞材料的组分，可使焦平面器件分别工作于 1～2.5μm、3～5μm 和 8～14μm 三个红外大气透射窗口。不论是单片的还是混成碲镉汞红外焦平面器件，都由红外光电转换和信号处理两部分组成，而信号处理和读出部分均由硅电路实现。混成碲镉汞红外焦平面阵列的结构简图如图 3-2 所示。它在每个碲镉汞光二极管下放置一个 MS 行列计算器（金属氧化物半导体作绝缘层的绝缘解码器栅型场效应管）开关，多路传输操作由 MOS 开关执行。每个光二极管的正端接到公共地线上，负极经过开关器件接到输出干线上，每列的开关控制栅极连接在一起，并由列移位寄存器寻址。工作时，开关选择出某一列 MOS 管使其导通，该列中二极管的光电路就直接传送到分离的引线上去，从杜瓦瓶引出，并由焦平面外电路进行积分，积分放大器的输出经过多路传输器以单线视频信号输出。信号积分和多路传输在焦平面外实现，这种读出方式对碲镉汞光二极管 I_R 的要求低。此外这种结构动态范围较大，适用于长波，较易实现线性校正。相对而言，阵列能容忍一些元件的失效和损伤，其他元件能继续工作。二维碲镉汞光二极管阵列和硅信号处理电路相互连接成碲镉汞焦平面阵列后装入杜瓦瓶中，以保证其工作温度。

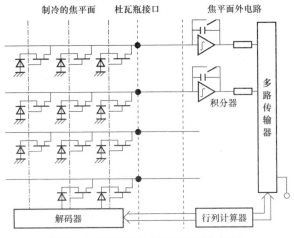

制冷的焦平面   杜瓦瓶接口   焦平面外电路

积分器

多路传输器

解码器

行列计算器

图 3-2　碲镉汞焦平面阵列结构简图

3.4 油压传感器

油压传感器，是通过压阻效应将压力信号转化为电信号的装置。油压传感器是工业中最为常用的一种传感器。它可以对待测的压力进行精确的测量并适时将测试结果传送至后续显示或控制中。

油压传感器主要由取压器、变送电路及电气输出接口三大部分组成。取压器的基本结构均为通过条状电阻感应压力变化，同时通过惠斯通电桥结构将阻值变化放大转化为压差，然后传送至变送电路内进行滤波、放大等处理。在油压的检测过程中，其温度变化不可避免，通常在惠斯通电桥的四个电阻条以外单独做一条温敏电阻，以同步检测敏感电阻所在区域的温度变化，为后续的温漂修正提供温度值。同时，为了防止油压的过冲击的影响，有些产品在取压器前端做一个倒漏斗式的入口，可以很明显地避免和减少油压过冲的影响。

根据不同的取压器形式，可以分为硅应变片式油压传感器、陶瓷式油压传感器以及溅射薄膜式油压传感器三种。

硅应变片式油压传感器的特点是其成本低，且适宜于大批量生产。此种油压传感器利用单晶硅的压阻效应，通过惠斯通电桥结构放大压力导致的电阻量变化，从而转化为最终的电压或电阻输出。对于硅材料本身来说，其压阻效应相较于金属和陶瓷而言更加明显，因此硅应变片式油压传感器除了具有成本低及适宜于大批量生产的优点以外，还具有测量范围宽、灵敏度高、输出信号强等特点，在低压值的传感器中应用较广。硅应变片式油压传感器的一个显著的缺点是，硅材料本身的强度不足，如果环境中有较强的压力冲击，容易直接将硅应变片击穿，对整个油压控制系统造成损害。当前的使用中，一般应用油或真空将其隔离，以期保证后续电路系统的安全性。

陶瓷式油压传感器的核心元件为陶瓷芯体。陶瓷为一种具有抗腐蚀和抗震动等特色的材料，同时其热稳定性要优于硅材料，其最优工作温度范围可达 $-40 \sim 125℃$（相比较而言，硅的最优工作温度范围为 $-20 \sim 85℃$），且具有长期热稳定性。其一般的测量原理为，将厚膜电阻片制作在陶瓷薄膜表面，陶瓷薄膜受压变形后厚膜电阻的阻值相应地发生变化，从而造成输出端压差的存在。通过一定的校准后，陶瓷式油压传感器具有长期的温度稳定性和时间稳定性，同时其可应用于气压和水压的测量。

溅射薄膜式油压传感器是将厚膜电路采用溅射的方法制作在不锈钢薄片的表面。由于溅射本身技术的优越性，厚膜电路和不锈钢之间通过分子键键合，具有长期的稳定性。当前应用广泛的高压油压传感器，大部分均为溅射薄膜式油压传感器，虽然其制造成本高，但由于其精度高，长期稳定性好，温度敏感性好，从而广泛应用于船舶、工程机械等大中型液压设备中。

未来的技术发展将对油压传感器提出更高的要求，其产品特性将向微型化、智能化、专业化的方向发展。微型化的发展方向有益于压力传感器的制造商，减小传感器的体积将使得其在整机的设计中有更大的可选择性；智能化的发展方向避免了后续设备对传感器输出结果的再处理；应用于不同领域的专业化的油压传感器的发展，突出不同行业的应用，对油压传感器的电路设计，整体设计提出了更好的要求（如应用于发动机燃烧室内部的油压传感器要求传感器工作温度范围高达 700℃）。

3.5 气体传感器

我国现在有数以千计的气相色谱装置用于油中溶解气体分析。大量设备的潜在缺陷被检出，特别是局部过热及电弧放电的早期故障。所以油中溶解气体分析越来越得到重视。为了及时检出缺陷，研发了油中溶解气体现场分析技术，已有进口的及国内研发的系统用于生产。有的分析技术是选用特殊的气体传感器，如选用对 H_2 或 C_2H_2 特别敏感的传感器，这比色谱分析法价格便宜。但传感器及富集气体的塑料薄膜通常工作的稳定性还需继续研究。也有的单位研制现场用气相色谱分析仪器，可检出如 CH_4、CH、CO、CO_2 等各种特征气体，见图 3-3，还有的单位在研发基于光谱分析的 DGA 装置。

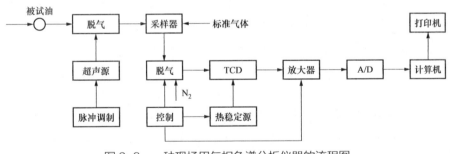

图 3-3 一种现场用气相色谱分析仪器的流程图

3.6 电流传感器

3.6.1 互感器型电流传感器

互感器型电流传感器是监测系统中常用的电流传感器，可用于测量变压器、电机、电缆等设备的局部放电，也可用于测量电容型设备的介质损耗。类似于电流互感器，它的一次侧多为一匝（有些情况也有用多匝的）。监测时将传感器的圆形或开口的方形磁芯套在待测设备的接地线或其他导线上，如图 3-4 所示。磁性材料根据使用频率进行选择，当测量高频或脉冲电流（例如测量局部放电信号）时选用铁氧体，锰锌铁氧体的最高使用频率为 3MHz，相对磁导率为 2000。测量 50Hz 低频电流时可选用坡莫合金，其磁导率为 105H/m，但价格较贵。近年发展较快的微晶磁芯，大于 104H/m，灵敏度高而加工成型方便，价格介于上述两者之间，使用频率为 40Hz～500kHz，完全适用于各种频率电流的监测。

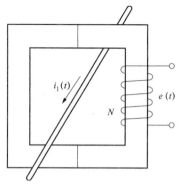

图 3-4　电流传感器结构原理图

3.6.2 霍尔电流传感器

霍尔电流传感器是利用半导体材料的磁敏特性，通过测量其磁感应强度进而推算出待测的电流值。当将霍尔器件置于磁场 B 中时，如图 3-5（a）所示，在元件的一对侧面（a，b）上通以控制电流，则在另一对侧面（c，d）上会产生霍尔电动势。提高灵敏度的关键是材料和厚度。图 3-5（b）所示是补偿式霍尔电流传感器，待测电流 I 贯穿于环形铁心中，铁心用以聚焦磁场以提高灵敏度。由于磁通相互补偿，铁心体积可做得很小，交直流均可监测。该传感器已用于断路器分合闸线圈电流的监测。它既可做成铁心固定的贯穿式结构，也可做成钳式结构，还可作为大电流传感器，例如可测高达 500A 的电流。霍尔器件的响应时间很短，可用于高达 1GHz 的高频测量。缺点是对温度变化很敏感，故目前多数器件都与集成电路相结合制成霍尔电流传感器，结构上、电路上采取了补偿措施，达到了比较好的效果。另外它的价格较高。

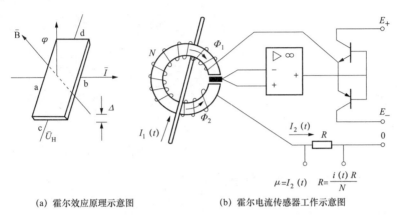

(a) 霍尔效应原理示意图　　　　　　(b) 霍尔电流传感器工作示意图

图 3-5　霍尔效应原理和补偿式霍尔电流传感器

3.6.3 感应传感器

电缆 [一般指交联聚乙烯（XLPE）电缆] 的特高频监测用的是套在其上的感应传感器，如图 3-6 所示，它由一个线匝构成，无铁心，自感 $L \approx 30\text{nH}$。其原理如下：电缆外部的接地屏蔽由多股螺旋状带绕成，局部放电产生的电流脉冲沿电缆流动时，在接地屏蔽上的电流可分解为沿电缆（轴向）和围绕电缆（切向）的分量，切向电流产生一个轴向磁场，该磁力线靠近电缆外侧，感应传感器包围了和切向电流成比例的磁通。于是在电流脉冲起始和终止时因磁通变化而在传感器上感应一个双极性电压将其通过数字积分后可得到相

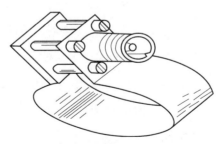

图 3-6　电容耦合的感应传感器

当于电流脉冲的原始波形。该传感器监测频带为400MHz，而多数干扰频率小于100MHz，故它可得到较高的信噪比。为减少低频干扰，还可在线匝一端串接一小电容，见图3-6。它由聚四氟乙烯薄层分隔的两块小平板组成，$C \approx$ 20nF。感应传感器的检测灵敏度比传统方法高一个数量级。缺点是由于特高频信号传播时衰减较快而限制了它的监测范围，一般在距放电点10m以内。顺便指出，前述的自积分式宽带型电流传感器也常用于电缆的局部放电监测，用铁氧体做铁心，监测频带要求至10MHz。

3.7 耦合式电压传感器

监测局部放电的特高频信号时常用耦合式传感器，即利用电容耦合的原理来监测相关的脉冲信号。例如用于水轮发电机的是固定式电容耦合器，有两种类型种是电缆型，可由一段电力电缆加工制成，将电缆作为电容器使用，如图3-7（a）所示，电容量为80pF，工作电压峰值为35kV；另一种就是一台由环氧树脂—云母制成的小型高压电容器，工作电压峰值为30kV，如图3-7（b）所示，电容量一般也是80pF，也可视电机情况选择50pF或100pF。每相至少要安装两个，分别安装在定子绕组每相出线端附近，在将两个并联支路连接在一起的环形母线的两端，故又称母线耦合器。每个耦合器到出线端是等距离状的，且用等长度的同轴电缆引到一台宽带差动放大器。这样从电力系统来的通过出线端进入监并沿环形母线两侧传播的干扰信号将作为共模干扰而为差动放大器所消除。而发电机内部的局部放电信号则由于放电点和两个耦合器的距离不等而仍能监测，因此要求两耦合器之间至少有2m的间距。由于水轮发电机直径大，典型的环形母线长达1m，完全能满足要求。相对应的监测仪器称为局部放电分析仪（PDA），仪器的带宽为0.1～350MHz。

对于大型电动机、调相器和不大于10MVA的汽轮发电机，则选用云母高压电容器作为母线耦合器。加拿大安大略水电局对上述电机在线监测的研究发现，其干扰信号主要来自电机外部。但电机的结构又不同于水轮发电机，为抑制干扰，在电机每相出线上安装了两个 80pF 的电容器型耦合器。两个耦合器之间至少相距 2m，通过鉴别脉冲信号的传播方向也即测定并比较脉冲信号到达两个耦合器的时间，可识别该脉冲是内部放电信号还是外部干扰信号。相应的监测仪器称为 B 型汽轮发电机分析仪（TGAB），仪器的带宽为 5～350MHz。顺便说明一下，当上述电机出线端接有过电压保护用电容器时，则耦合器改用射频电流互感器，如图 3-7（c）所示，将它套装在保护用电容器的接地线上。

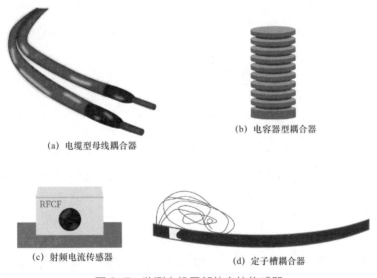

(a) 电缆型母线耦合器

(b) 电容器型耦合器

(c) 射频电流传感器

(d) 定子槽耦合器

图 3-7　监测电机局部放电的传感器

容量在 100MVA 以上的大型汽轮发电机还存在明显的内部干扰，无法使用上述的母线耦合器，而采用定子槽耦合器（SSC）作为监测局部放电的传感器，其实体图如图 3-7（d）所示，简化图如图 3-8 所示。它是由环氧玻璃布制成的一条印刷电路板，其两侧由沉积于板上、厚度均为 25μm 的一根带状感应铜导线和一个接地平面所组成，两端均用微型同轴电缆引出，耦合器的特性阻抗应和同轴电缆的阻抗相匹配（平均 50Ω）。在铜导线和平面外侧均再覆盖一块环氧玻璃布薄片，每个耦合器约 50cm 长、1.7mm 厚，宽度和定子槽相同。其尺寸既受定子槽尺寸的限制，同时也受特性阻抗影响（包括带状感应导线的宽度和接地平面的间隔、绝缘材料的介电常数等）。当局部放电脉冲的电磁波沿带状感应导线传播时，可从同轴电缆输出端得到一对信号，比较这对输出信号的时域波形能够确定脉冲传播方向和放电位置（放电发生在定子槽中还是定子绕组的末端地区）。因此，定子槽耦合器是一种定向的电磁耦合器，其耦合方式既不是容性的，也不是感性的，而是具有分布参数的类似天线的作用。它具有很宽的频带，典型的数据是下限截止频率低于 10MHz、上限截止频率高于 1GHz，在 30MHz 和大于 1GHz 之间存在相对平坦的频响特性。

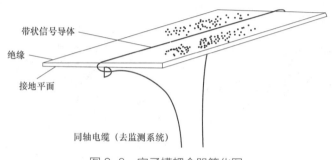

带状信号导体

绝缘

接地平面

同轴电缆（去监测系统）

图 3-8　定子槽耦合器简化图

定子耦合器一般安装于具有最高场强的定子绕组各个并联支路的线路端的槽内，在槽楔底下。大型汽轮发电机的绕组通常每相由 2 个并联支路组成，则一台发电机至少要安装 6 个耦合器。耦合器很接近放电部位，易于监测到高频分量，监测灵敏度较高。例如，用带宽为 350MHz 的监测装置测量脉宽为 1.5ns（按半峰值计算）的脉冲时灵敏度为 0.01pC。定子耦合器的主要优点是：能对来自电机内外的干扰信号产生不同响应，定子绕组内的局部放电信号的脉宽仅 1~5ns，而来自定子绕组之外的干扰在进入定子绕组后发生衰减，其脉宽均超过 20ns，很容易通过脉冲波形来识别局部放电和干扰信号。相应的监测仪器称为 S 型汽轮发电机分析仪（TGAS），仪器带宽为 0.1~800MHz。鉴别干扰的判据是：凡脉宽大于 8ns 者均认为是干扰信号，小于 8ns 者认为是局部放电信号并由仪器做进一步处理。GIS 中特高频监测用的耦合器一般装于内部，例如在检修孔盖板上装一个 4ϕ250mm 的电极，如图 3-9 所示。它和盖板绝缘，其间电容值约为 10pF，信号由带气密的导管引出。电极与高压导体间的电容约 2pF，电极与盖板间接有电阻，以将耦合器上的工频电压降为几伏。监测频率为 600 ~ 800MHz。有的耦合器则是埋在盆式绝缘子接地端处的环形电极。但也有采用 GIS 体外检测的，例如用天线式传感器，放置在 GIS 的盆式绝缘子的外缘，后接 1.8GHz 频谱分析仪，这样使用上更加灵活，可改变监测点。

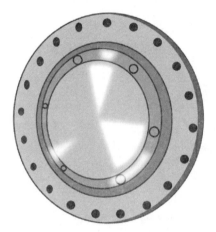

图 3-9　用于 G1S 中特高频监测的耦合式传感器

3.8 电场传感器

　　电场传感器的原理是基于电光电场传感器晶体（例如 $LiNbO_3$）在外电场作用下，当线性偏振光射入晶体后，出射光即变成椭圆偏振光的泡克耳斯（Pockels）效应或称电光效应。利用偏振镜即可测定其偏振特性的变化，因为这一变化和外界电场强度成正比，故可测定外电场强度。若晶体上直接加上电压，即可测定外加电压。这种传感器线性关系好，在 –15 ~ 70℃范围内准确度优于 ±3%，频响特性也好，可以测量从直流到脉冲的各种波形电压，且传感器尺寸很小，不会影响被测电场。图 3-10 所示是运用电光效应研制的光纤场强电压表，场强测量范围为 2 ~ 6000V/cm，并已用于试验室条件下带电检测金属氧化物避雷器的电压分布。

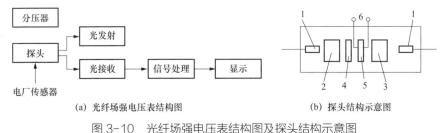

(a) 光纤场强电压表结构图　　　　　　　　(b) 探头结构示意图

图 3-10　光纤场强电压表结构图及探头结构示意图

1—微透镜；2—偏振镜；3—检偏镜；4—波阻片；5—泡克尔元件；6—待测电压

3.9　振动传感器

电气设备振动的监测也是一个十分重要的内容，它不仅包括旋转电机的机械振动，还包括静电力或电磁力作用引起的振动，例如全封闭组合电器（GIS）中带电微粒在电场作用下对壳体的撞击，变压器内部局部放电引起的微弱振动等。振动的强弱范围很广，测量振动有三个参数，即位移、速度、加速度，可根据振动的频率来确定测量哪个量。振动的速度增加时，位移减少而加速度增加，故随频率上升可分别选用位移传感器、速度传感器、加速度传感器和隐声发射传感器。

3.9.1　位移传感器

位移传感器在低频区最有效，它用一高频电源在探头上产生电磁场，当被测物表面与探头之间发生相对位移时，使该系统上能量发生变化，以此来测量相对位移，其灵敏度可达 10mV/m。它广泛用于测量重型电机机座的振动和偏心度。

3.9.2　速度传感器

在 10Hz ~ 1kHz 内的振动用速度传感器最有效。其基本结构是将一永磁铁放在一线圈内,将线圈牢牢地贴在传感器外壳上,传感器再和探头一起安装在被测物体的表面上,一旦发生振动,传感器外壳和线圈与磁铁块之间会发生相对位移,线圈中产生感应电动势,由电动势大小来测定振动的速度。速度传感器的特点是输出信号大,缺点是不够坚固,常用来测定各类电机的振动的总均方值。

3.9.3 加速度传感器

加速度传感器常用来测量频率较高的振动,特别是频率超过 1kHz 的振动,其优点尤为突出。由于加速度是位移的二阶导数,故它是三个测量参数中灵敏度最高的。通常都用压电式的传感器,选用具有压电效应的晶体如石英和锆钛酸铅等作为图 3-11 压电式加速度传感器结构原理图敏感元件。传感器由磁座、质量块、压电晶体组成,如图 3-11 所示。整个传感器紧贴在待测设备表面,加速度 a 通过质量块 m 产生力 $F = ma$,将力传到压电片上,产生电荷,再经电荷放大器进行放大,其输出信号大小即正比于加速度。压电式加速度传感器的特点是比速度传感器刚性好,灵敏度高且稳定,线性度好,

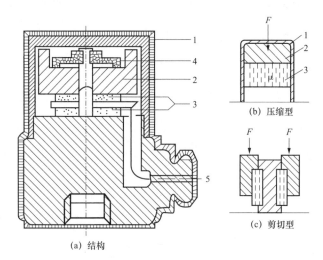

图 3-11　压电式加速器传感器结构原理图

1—磁座(安装用);2—质量块;3—压电晶片;4—弹簧;5—输出端

内配放大器后使用更方便。它的固有频率为30kHz，正常使用频率应低于它，一般为其1/3~1/5，故使用频率在1~8kHz。若准确度要求不高时则使用频率还可提高，甚至在谐振点上，例如用于测量GIS内部放电时压电晶片在传感器中的布置形式有两种，即压缩型和剪切型。其监测灵敏度是指纵向灵敏度，即主灵敏度，在敏感轴同方向受力。而横向受力的灵敏度则比纵向低很多，要求高的场所要求不大于主灵敏度的3%，一般要求5%~10%。

3.9.4 声发射传感器

监测更高频率信号时，需用声发射传感器。实际上声发射的覆盖频率很宽，从20Hz以下的次声到20Hz~20kHz的可听声，直到100MHz的高频声。20kHz以下可用加速度传感器检测；20~60kHz则用超声传感器；60kHz~100MHz则用声发射传感器，例如用于监测变压器内部的局部放电。声发射传感器也用压电晶片作为换能元件，与压电式加速度传感器相比，主要差别在于利用压电片自身的谐振特性来工作的。它分为窄带和宽带两种：前者带宽仅200kHz；后者为700kHz，但灵敏度低。在线监测中一般选用窄带。由于它利用的是谐振特性，故结构上和加速度传感器不同，不用质量块，而是将它直接和待测设备表面相接触，如图3-12所示。

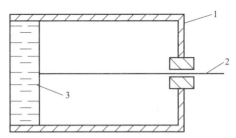

图3-12 声发射传感器结构原理图

1—外壳；2—引线；3—压电晶片

第 4 章

信号处理技术

4.1 信号处理技术概况

4.1.1 作用

电气设备在线监测中使用较多的是微机化的数字测量装置，包括传感器、调理电路、数据采集器、信号传输部分和微计算机。传感器检测设备状态的模拟信号，调理电路使检测到的模拟信号能适应后续的采集过程，数据采集器将模拟信号转换为数字信号，微计算机对采集到的大量数据进行处理，并存储处理结果。

传感器检测信号中经常伴随各种干扰。干扰不仅不能反映设备的运行状态，有时还会影响对设备的诊断。所以，电气设备在线监测装置除了在硬件中要采取抑制干扰的措施外，对检测所得的信号一般还需经过处理，以尽可能抑制干扰，保留甚或增强有用信号。对抑制了干扰后的信号，需提炼出其中的有用信息，即提取信号特征，供诊断使用。有些信号在提取特征前，还需进行数据处理，以获得信号幅值、时域波形、频域图形或故障指纹等，然后再提取信号特征。

4.1.2 电磁干扰

对有用信号可能造成损害的无用信号或电磁噪声称为电磁干扰，是由自然现象或人类活动所致的电磁波源形成。电气设备在线检测中常将电磁干扰源按频带划分为窄带干扰源和脉冲（宽带）干扰源，前者局限于较窄的频率范围，其幅频特性如图 4-1（a）所示；后者分布于较宽的频率范围，如图 4-1（b）所示。脉冲干扰源还可按出现规律区分为周期性和随机性两类，此外还有白噪声。

电力线路的负荷电流、故障电流，电力系统架空线传送的载波通信信号，开关电源、时钟振荡器、频率变换器，传播信息的发射机，工业、科学、医疗用高频设备等，它们发出的是具有单一频率或多种频率混合的干扰信号，属于窄带干扰源。电力电子器件、高电压导体电晕、火花点火发动机、电动工具、家用电器等在启动、工作和切断时的干扰，信息技术、工业控制设备中的脉冲信号等，属于周期性脉冲干扰源，干扰脉冲呈周期性出现。绝缘子表面污秽放电，电气机车导电弓与架空线之间的放电，静电放电（充有静电的人体或物体放电），工业设备、控制设备中电感性负荷的切合，雷电脉冲等，属于随机性脉冲干扰源，干扰脉冲的出现具有随机性。

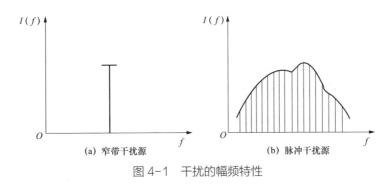

图 4-1 干扰的幅频特性

4.1.3 信号分析方法

与表现信号的时域和频域两种基本形式相应，通常对信号的分析可采用时域分析法和频域分析法。

将检测所得信号作为时间的函数，在时域进行的分析处理称为时域分析。它包括图形显示、数据开窗，检测量校订，检测量随时间的变化趋势，干扰抑制，特征提取等。

通过傅里叶变换，将检测所得信号作为频率的函数，在频域进行的分析处理称为频域分值析。它包括频域图形显示、谱分析、数据频域开窗、数字滤波、特征提取等。

由于傅里叶变换不能反映信号在局部时间范围内的频率特征，因此又发展出了时频局部分析法，如短时傅里叶变换（或称加窗傅里叶分析）。此外，近年来发展起来的小波变换具有多分辨率特性，更适用于处理具有瞬态突变特性的信号，并应用于诊断技术。

除了时域分析、频域分析和时—频分析外，还可对检测所得数据进行统计分析，以获得故障指纹等图形。

4.2 信号采集硬件系统

4.2.1 数据采集系统的基本构成

数据采集系统的基本构成，从硬件上看包括模拟系统和数字系统两部分；从功能上看既能完成采集，也能实现处理。

测试对象的被采集参数，大部分由传感器将被测量转换为电压信号，或先变为电参数（如电阻、电容或电感），再经过一定的线路（如桥式电路）变换为电压信号，然后通过模数（A/D）转换器将电压信号转换成数字信号。输入电压信号低于 1V 者称为低电平信号，而高于 1V 者称为高电平信号。

数据采集系统的采集信息有模拟量信号、频率量信号和开关量信号。

下面首先介绍数据采集系统模拟通道的各个环节。

一般的数据采集系统主要由传感器、信号调理器、多路模拟开关、放大器、A/D 转换器和数据记录装置组成。图 4-2 是一种典型的低电平数据采集系统。

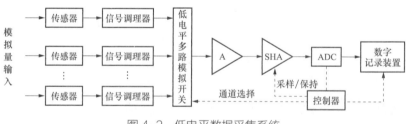

图 4-2　低电平数据采集系统

传感器将被测参数（如压力、推力、温度、转速和流量等）的非电量转换成电参量，通过信号调理器变换成适当量程的电压信号。信号调理器这一环节，主要的作用是对各个测量传感器输出的信号加以变换调整和改善，使其满足 A/D 转换器输入的要求，以及提高信号测量的准确度和灵敏度。例如桥路平衡装置、桥路电源、热电偶参考端温度补偿、抗干扰滤波器和信号衰减器等，都属于信号调理装置。由于大多数传感器信号是低电平的，而 A/D 转换器满量程一般为几伏，如 5V 或 10V，为了有效利用 A/D 转换器的最大分辨率，低电平信号需要进行放大，起这种放大作用的放大器叫低电平放大器或数据放大器。此外还要求放大器能抑制干扰和降低噪声并满足响应时间的要求。在数据采集系统中应选用何种数据放大器应依情况不同而异。总的要求有下面几点：

（1）高输入阻抗，反应时间短；

（2）高抗共模干扰能力；

（3）低漂移、低噪声及低输出阻抗。

另一种放大器叫缓冲放大器。它具有高输入阻抗和低输出阻抗，可起阻抗变换的作用。因为大多数 A/D 转换器的输入阻抗比较低，因此，在测量高阻抗信号源时会引起显著误差。所以缓冲放大器常常是 A/D 转换器的一个组成部分。

第三种放大器叫采样保持放大器（SHA）。这种放大器在接到保持命令后，其输出即保持不变。如图 4-3 所示，SHA 常用于两种用途：一种是在 A/D 转换时，接到保持命令可使输入信号不变，可以降低在采样时间内，由于输入信号变化引起的编码误差；另一种是在系统的各通道中装有 SHA 时，对各个放大器同时给出保持命令，可以使各输入信号保持在同一瞬间的数值，然后再依次进行 A/D 转换。

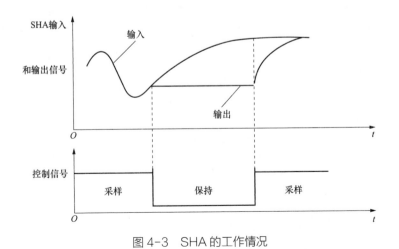

图 4-3　SHA 的工作情况

多路模拟开关（MUX）的作用是将各通道输入的模拟电压信号，依次接到放大器和 A/D 转换器上进行采样，所以也叫采样器。多路模拟开关可以使许多输入通道共用一套低电平放大器，这样，可以降低系统的成本。多路模拟开关由专用的逻辑线路或计算机控制，使输入信号依次地或有选择地送至 A/D 转换器。

A/D 转换器的输出可以用记录装置进行记录，或直接送至计算机进行处理。记录装置根据输出数据的用途和处理方法不同，有各种不同的记录方式。如果数据仅供工作人员参考或人工处理，可采用打字机或打印机记录。如果数据需要再送入计算机进行处理，则最好采用磁记录，以便于直接输入。整个数据采集系统由控制器控制、控制器使系统的各个部件以适当的时间执行自己的功能。它依次给出一系列脉冲，使多路模拟开关选择通道、采样保持放大器进行采样保持启动 A/D 转换器和数字记录装置投入工作。在简单的数据采集系统中，它只能实现顺序采样和选点采样，它们是反复执行同一程序。在复杂的大型系统中，则常由计算机控制。如图 4-4 是微型计算机化的数据采集系统。计算机在系统中负担着数据运算、数据记忆、采样控制、逻辑判断等功能，并指挥各外围设备（计算机以外的记录装置输入和输出设备等）自动协调地工作。它不仅可实现顺序测量，而且可以按任意的预先安排的次序进行测量。

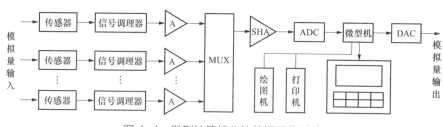

图 4-4 微型计算机化的数据采集系统

低电平数据放大器的频率响应有限，一般只有几十千赫兹，图 4-2 所示的结构，如果许多通道共用一个低电平放大器，则其输入是通过多路模拟开关快速切换的低电平信号，放大器的响应往往不能满足要求，因此，需要用图 4-4 所示的结构。这种结构因为每个通道要用一个放大器，所以是一个昂贵的系统。但由于输送到多路模拟开关的信号已是高电平信号，所以多路模拟开关对噪声等误差电压要求降低了。这种系统只有在记录和分析宽频带的低电平动态数据时才用。

对于高电平信号，则不需要低电平放大器，信号可直接接到多路模拟开关，多路模拟开关对噪声等误差电压要求也较低。有时要求测量各通道输入信号同一瞬间的数值，则要求在每输入通道加一采样保持放大器，如图4-5所示。在测量时，由控制器对各路的采样保持放大器发出采样—保持命令，使其保持同瞬间的数值，然后，再进行A/D转换。这种系统比较昂贵，只有必要时方才采用。

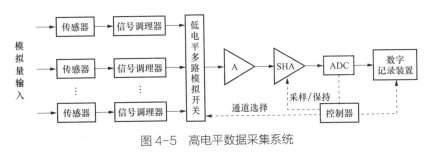

图4-5　高电平数据采集系统

当采集信号是频率信号时，则需在其后经过转换接到计数器输入端，而计数器输出端接入模拟通道数据采集系统信号调理器的输入端。

当采集系统是开关量时，为了隔离干扰，通常将开关量信号经光电耦合器件加以隔离。

光电耦合器件输入和输出都是开关量信号，夹杂在开关信号中的干扰，因其幅度和宽度的限制，故一般都不能使光电二极管转换成光数字信号，这个具有一定强度的光数字信号又使光电二极管工作，从而将其又变成开关信号，数字通道被光数字通道从中截开，实现了完全的电隔离。光电二极管的输出接到数据采集系统的信号调理器的输入端。

上面我们介绍了数据采集系统的基本结构，在实际应用中，其结构形式多种多样，一般都是通过微机的标准接口经过标准母线连接各种功能模块、仪器仪表和传感器，组成测量和控制系统。采集系统的构成特点为：

（1）采集通道组成可多可少，应用灵活。如单参量采集用单通道；多参量采集的大型试验可用几百以至几千个通道。通道有控制通道顺序采集通道和同步采集通道，对成千上万个模拟信号和数字信号进行测量和采集，经过输出，实施各种控制。

（2）根据信号电平高低，可以灵活采用不同分辨率的 A/D 和 D/A 转换器完成采集和控制功能。例如热电偶和应变片、位移电桥的输出都是低电平信号，其满量程一般在 5mV 至 20mV 的范围。要求能测出和分辨出微伏级信号，就要用 12 位至 14 位 ADC。对于温度计量或电子计量，为了保证精度要求，可用高分辨率的 16 位或更高位的 A/D 转换器。

（3）能实现实时采样、实时处理、实时控制和实时显示。因为在试验过程中，要测量的信号点多，每一个点的测量时间不能过长。有的试验要采集瞬态过程的数据，这就要求有更高的采集速度，就要用特殊的存取电路和 A/D 或 D/A 转换电路，从软件和硬件上综合设计。

（4）测量速度快精度高。对于高精度测量，一般测量仪器是不难满足的，但对于高速度高精度的测量一般仪表是无法满足的。对于多点快速数据采集系统，一般精度可达 ±0.1%，如对精度有特殊要求，可用 16 位 A/D 转换器，精度可达 0.01%。

4.2.2 A/D 转换器

A/D 转换器在模拟的现实世界和强大的数字处理能力之间架起了一道桥梁，这种连接作用的特殊重要性，在众多介绍 A/D、D/A 转换技术的书籍文献中已有详尽说明。

最早的 A/D 转换器由分立器件和小规模集成电路单元搭建构成。第一块单片式集成 A/D 转换器出现于 20 世纪 70 年代初期；其后，随着 IC 制造技术的更新换代，以及各类先进的电路实现形式的不断引入，出现了越来越多的高性能 A/D 转换器。

传统上，A/D 转换器可以分成积分型和比较型两类，积分型 A/D 转换器有单积分、双积分、二重／四重积分等各种类型；比较型 A/D 转换器有反馈式比较和非反馈式比较两种类型。

衡量 A/D 转换器的性能，一般依据其分辨率和转换速度两个指标，从总体上看，A/D 转换器的性能改进也是沿着分辨率和转换速度这两条途径不断取得进展的。

与 A/D 转换器分辨率相关的技术指标包括：分辨率、精度、绝对精度、相对精度、绝对误差、相对误差、量化误差、重复性误差、失调误差、增益误差、非线性误差、微分非线性误差、动态误差等；与 A/D 转换器转换速度相关的技术指标包括：转换速率、采样时间、转换时间、恢复时间、传输延迟阶跃响应时间、转换频率、采样频率、最高采样频率等。A/D 转换器其他重要指标还有：信噪比、动态范围、功耗等。当前，典型的高精度 A/D 转换器为 $\Sigma-\triangle$ 调制型，而典型的高速 A/D 转换器则多采用并行技术。

$\Sigma-\triangle$ 型 A/D 转换器的特点是高精度，目前广泛应用于对速度要求不是很高的场合。

图 4-6 是 $\Sigma-\triangle$ 型 A/D 转换器的完整框图，图 4-7 是一个一阶 $\Sigma-\triangle$ 调制器机器近似的 Z 域展示。

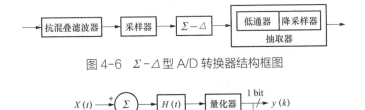

图 4-6 $\Sigma-\triangle$ 型 A/D 转换器结构框图

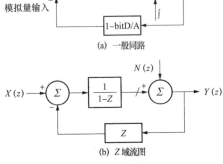

图 4-7 $\Sigma-\triangle$ 调制的实现及 Z 域表示

作为转换器领域非常重要的一类器件，$\varSigma-\triangle$型 A/D 转换器实现 A/D 变换的技术有很多鲜明的特点，其中较多强调的是过采样技术和噪声整形技术。

图 4-6 中的 Sample 单元完成对信号的采样。为了在将来能够完整地由采样值复原信号，采样率的下限值是信号的 Nyquist 频率。$\varSigma-\triangle$型 A/D 转换器一般设置在远高于 Nyquist 的频率下采样，所带来的好处是对抗混叠滤波器（Anti-Alias）单元的指标要求大大降低。这是因为，在更高采样频率下，基频和倍频间的频率间隔更大，利用这一较宽的间隔，抗混叠滤波器可以比较容易地实现放行低频部分的信号，而阻止高频混叠成分的功能，在此条件下，用 1 阶的 RC 电路即可实现滤波功能。

由于过采样，在电路的后级需要进行降采样或者抽取的工作。图 4-6 中，抽取器（Decimator）由低通滤波器和降采样器（Down Sample）两部分构成。噪声整形主要在$\varSigma-\triangle$调制器这个环节进行，这也是$\varSigma-\triangle$ A/D 转换器的核心。该环节一般由一个同路实现，具体可参见图 4-7（a）。当 $H(f)$ 实现为一个积分器时，回路功能（本身为复杂的非线性电路）可以近似地用图 4-7（b）所示的 Z 域流图表达。

目前转换速度最快的 A/D 转换器是快闪型（flash）A/D。它采用全并行结构，输入信号同时与所有的量值电平相比较而得到所谓的温度计码，之后转换成与输入模拟量相应的二进制码输出，Flash A/D 转换器的主要问题是所需要的比较器数目过多并且随分辨位数增大呈指数增长。

为了有效减少所需比较器数，一个可选方案是进行分段处理，对输入信号采样保持后，先进行较粗略的分段 A/D 转换，确定输入信号处于电平值范围中的哪一段；由此选择该段值范围内的一组参考电平，与此时仍然保持着的输入信号进行比较，比较结果（低位码值）与粗分段码值（高位码值）合并，作为 A/D 转换器最终的输出。

与 Flash A/D 转换器相比，分段式 A/D 转换器的转换时间比较长（两阶段转换）；对比较器性能的要求并没有降低，而是与 Fash 型相同。

另一方面，Flash A/D 转换器是对输入模拟量直接量化的；而分段式 A/D

转换器则是先对模拟量进行分段的预处理，根据预处理方式的不同，又可以区分不同的类型。

当前最重要的两类预处理 A/D 转换器为折叠 – 插值（Folding&Interpolating）和流水线式（Ppeined）ADC，前者的预处理是折叠与插值，传输函数的形式为若干沿 x 轴平移的非线性曲线；后者的传输函数形式为分段线性（锯齿形）的。

图 4-8 为折叠插值 A/D 转换器的简单结构示意。图中，输入模拟量同时进行粗略的 A/D 转换和 3 路折叠；3 路折叠电路的传输函数如图 4-9 实线所示。

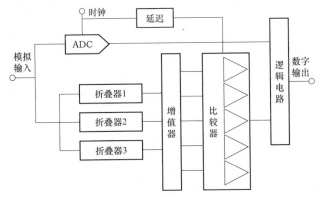

图 4-8　折叠插值 A/D 转换器结构示意图

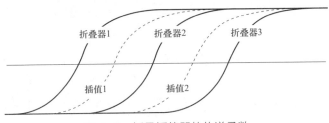

图 4-9　折叠插值器的传递函数

图 4-9 中虚线为插值所实现的传递函数；经过插值后，对应一个模拟输入值，可得到 5 个输出模拟电位；比较器对其中一个模拟电位（在过零点附近）进行比较转换，得出数字量；比较器输出的数字量与由粗转换得到的数字量综合成最终的数字输出。

流水线 A/D 转换器的电路结构如图 4-10 所示。流水线 A/D 转换器由若干级构成，每一级完成 k 位转换（加 1 位冗余，与下一级的首位重叠）；各级子 A/D 转换有自己的预处理电路，预处理传递函数为锯齿形；将 k 位数字量通过 D/A 转换成接近于输入的模拟量，用本级的输入减去该模拟量，得到本级的残差；残差进行放大后作为下一级的输入，后面各级继续进行 AD 转换，最后一级为 Flash A/D 转换器，完成无残差的位转换。各级转换的输出，经过位对齐相残差校正后，输出最终的转换结果。

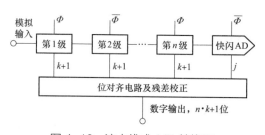

图 4-10　流水线式 A/D 转换器

流水线 A/D 转换器带有逐次逼近的性质，按流水线方式进行转换，每一个时钟周期可完成两级转换。在转换速度上比逐次逼近型 A/D 转换器快得多。另一方面，也可将流水线 A/D 转换器看作算法 A/D 转换器的一种特殊形式。

4.3 窄带干扰抑制（一）——自适应处理器

电气设备在线检测中，对检测所得信号中的窄带干扰，可使用数字滤波器、自适应处理器、频域处理和小波分析等手段进行抑制。

滤波是抑制窄带干扰的一种常用方法，其前提是信号与干扰所处频带不同。应用具有合适特性的滤波器，一方面，使有用信号尽可能地被保留，另一方面窄带干扰则应尽可能地被抑制。硬件滤波器是由电阻、电感、电容和放大器等组成的电路，依靠调整电路结构和元件参数来实现合适的滤波器特性。为了适应不同现场、不同时刻的干扰，适时地改变硬件滤波器特性有时会有困难。数字滤波器是一种软件系统，依靠算法的改变来实现合适的滤波器特性，因此比较灵活和方便。常用的数字滤波器有巴特沃兹滤波器和切贝雪夫滤波器等，有关书籍中对这些滤波器有详细的介绍，本书不再赘述。本节及后续两节将分别介绍自适应处理器、频域处理和小波分析等抑制窄带干扰的方法。

4.3.1 自适应处理器

自适应处理器的框图如图 4-11 所示，包括数字滤波器 h、加法器 Σ 和自适应算法。根据信号检测时面对的窄带干扰的特点，自适应算法会自行调整滤波器特性，以最有效地抑制干扰。

自适应处理器的输入为随机时间序列 $x(k)$ 和 $y(k)$，$\bar{y}(k)$ 是 h 的输出。加法器的输出 $y(k) - \bar{y}(k)$ 称为偏差 $e(k)$，当偏差平方 $e^2(k)$ 不是最小时，滤波器按照给定的自适应算法做相应改变，使 $e^2(k)$ 变小。以 S_T 表示有用信号，N_T 表示窄带干扰，$S_T + N_T$ 表示受干扰影响后形成的检测时间序列，以此作为输入 $y(k)$；以与 N_T 相关的另一干扰 N'_T 作为输入 $x(k)$；滤波器 h 将调整 N'_T 使之接近 N_T，最终使加法器的输出 $e(k)$ 接近 S_T。

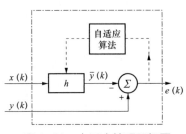

图 4-11　自适应处理器框图

4.3.2 数字滤波器

滤波器 h 为一因果的 p 阶 FIR 数字滤波器，如图 4-12 所示，各时延分支线的权分别为 $h(j)$，$j = 0,1,\cdots,p-1$。时间序列 $x(k)$ 通过滤波器后形成一个

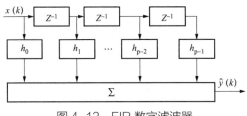

图 4-12　FIR 数字滤波器

新的时间序列 $\overline{y}(k)=\sum_{j=0}^{p-1}h(j)x(k-j)$。为了使滤波器能适应外界干扰，需要比较 $\overline{y}(k)$ 与 $y(k)$ 的偏差 $e(k)$，并根据 $e(k)$ 及时调整各 $h(j)$。

偏差

$$e(k)=y(k)-\overline{y}(k)=y(k)-\boldsymbol{H}^{\mathrm{T}}\boldsymbol{X}_{\mathrm{k}} \tag{4-1}$$

其中

$$\boldsymbol{H}^{\mathrm{T}}=[h(0)h(1)\cdots h(p-1)] \tag{4-2}$$

$$\boldsymbol{X}_{\mathrm{k}}=[x(k)x(k-1)\cdots x(k-p+1)]^{\mathrm{T}} \tag{4-3}$$

为了使偏差最小，应该使用合适的算法去求得 $\boldsymbol{H}^{\mathrm{T}}$。

4.3.3 随机梯度法

偏差最小的目的是使信号与干扰能"最优"地分开，最优的判据可选择 $E[e^2(k)]=\min$，即偏差平方的期望值为最优。由式（4-1），得

$$\begin{aligned}
E[e^2(k)]&=E\{y^2(k)-2\boldsymbol{H}^{\mathrm{T}}y(k)\boldsymbol{X}_{\mathrm{k}}+\boldsymbol{H}_{\mathrm{T}}\boldsymbol{X}_{\mathrm{k}}\boldsymbol{X}_{\mathrm{k}}^{\mathrm{T}}\boldsymbol{H}\}\\
&=E[y^2(k)]-2\boldsymbol{H}^{\mathrm{T}}\boldsymbol{R}_{\mathrm{yx}}+\boldsymbol{H}^{\mathrm{T}}\boldsymbol{R}_{\mathrm{xx}}\boldsymbol{H}\\
\boldsymbol{R}_{\mathrm{yx}}&=E[y(k)\boldsymbol{X}_{\mathrm{k}}]\\
\boldsymbol{R}_{\mathrm{xx}}&=E[\boldsymbol{X}_{\mathrm{k}}\boldsymbol{X}_{\mathrm{k}}^{\mathrm{T}}]
\end{aligned} \tag{4-4}$$

式中　$\boldsymbol{R}_{\mathrm{yx}}$——$y(k)$ 与 x 序列的互相关向量；

　　　$\boldsymbol{R}_{\mathrm{xx}}$——$x$ 的自相关阵。

以 $V(h)$ 表示 $E[e^2(k)]$，$\nabla_{\mathrm{h}}V(h)$ 表示 $V(h)$ 的梯度向量，则当满足条件 $\nabla_{\mathrm{h}}V(h)=0$ 时，$V(h)=\min$ 由式（4-4）及条件 $\nabla_{\mathrm{h}}V(h)=0$，得 $\nabla_{\mathrm{h}}V(h)=2\boldsymbol{R}_{\mathrm{xx}}\boldsymbol{H}-2\boldsymbol{R}_{\mathrm{yx}}=0$，解此方程可得滤波器的参数。则

$$\boldsymbol{H}=\boldsymbol{R}_{\mathrm{xx}}^{-1}\boldsymbol{R}_{\mathrm{yx}} \tag{4-5}$$

实用上是用搜索算法来求 $\boldsymbol{H}$，即从第 n 次的向量 $\boldsymbol{H}_{(\mathrm{n})}$ 沿负梯度方向求出 $\boldsymbol{H}_{(\mathrm{n+1})}$

$$\boldsymbol{H}_{(\mathrm{n+1})}=\boldsymbol{H}_{(\mathrm{n})}-0.5\mu\nabla_{\mathrm{h}}V(h) \tag{4-6}$$

式中　μ——收敛因子。

按上式递推，可求出使 $V(h)$ 为最小值的 H。

4.4 窄带干扰抑制（二）——频域处理

4.4.1 傅里叶变换

通过频域处理抑制窄带干扰的基础是傅里叶分析。电气设备诊断中涉及的信号通常可分解为傅里叶级数，或可进行傅里叶变换。对周期性信号，经傅里叶级数分解后，得到各次谐波的幅度和相位，构成了统称为信号频谱的幅度频率特性和相位频率特性。对非周期性信号，引入频谱密度的概念，经傅里叶变换，也可得到信号的频谱。时域信号 $x(t)$ 的傅里叶变换（Fourier transform，FT）及频域信号 $x(\omega)$ 的傅里叶反变换（inverse FT，IFT）公式为

$$\mathrm{FT}_x(\omega) = X(\omega) = \int_{-\infty}^{\infty} x(t)\mathrm{e}^{-\mathrm{j}\omega t}\mathrm{d}t \qquad (4\text{-}7)$$

$$x(t) = \frac{1}{2\pi} \int_{-\infty}^{\infty} X(\omega)\mathrm{e}^{-\mathrm{j}\omega t}\mathrm{d}\omega \qquad (4\text{-}8)$$

通常，由传感器检测所得的模拟信号要转化为数字信号，它们是长度有限的离散数据，对它们进行的傅里叶变换称为离散傅里叶变换。为了解决计算量大、数据占用计算机内存容量大的问题，又出现了快速傅里叶变换（fast FT，FFT），它在诊断技术中得到了广泛的应用。有关傅里叶变换、离散傅里叶变换、快速傅里叶变换的详细内容，可参阅有关书籍，不再赘述。

4.4.2 频域处理

对混有窄带干扰的检测信号在频域抑制干扰，再将其变换为时域信号，这种抑制窄带干扰的方法就称为频域处理法。图 4-13 所示为频域处理的流程框图。

以电气设备局部放电检测中的窄带干扰抑制为例进一步说明。为了在频域抑制干扰，需要了解干扰及检测信号的频率特性。电气设备局部放电将

引发在时域瞬态变化的脉冲信号，变换到频域后频率成分丰富，理论上常近似地用公式 Aexp（$-t/\tau$）表达，其幅频特性在一定频率范围内为一水平直线，3dB 频率上限为 $1/(2\pi\tau)$，如图 4-14 所示。而窄带干扰在频谱图上则表现为一些特定频率点处的垂直谱线，见图 4-15。

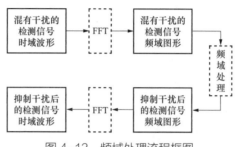

图 4-13　频域处理流程框图

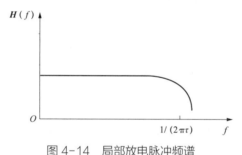

图 4-14　局部放电脉冲频谱

当局部放电检测信号中混入窄带干扰后，在局部放电脉冲信号的幅频特性上将叠加上一些窄带干扰的频率成分，如图 4-15 各分图的上半部分所示。可根据不同情况，使用谐线删除法、频域开窗法或多通带滤波法来抑制窄带干扰。

当干扰源较少时，如图 4-15（a），可将谱图中的垂直谱线删除，再对处理后的谱图进行快速傅里叶反变换 FFT 得到时域波形，这种方法称为谱线删除法。在得到的时域波形中窄带干扰被抑制，放电信号将明显地显示出来。

如果窄带干扰在频域占有一定宽度，如图 4-15（b）所示，则可在频域相应位置开窗，对经处理的谱图进行 FFT，这种方法称为频域开窗法。在得

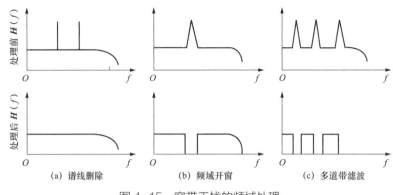

图 4-15　窄带干扰的频域处理

到的时域波形中窄带干扰被抑制，放电信号将显示出来，但部分频率分量丢失，脉冲波形会有一定变化。如果干扰源多又各在频域占有一定宽度，如图 4-15（c）所示，则可选择频域中无干扰的频率范围作为信号通带，进行多通带滤波，对经处理的谱图进行 FFT，这种方法称为多通带滤波法。在得到的时域波形中窄带干扰也将被抑制，放电信号显示出来；显然因较多的频率分量丢失，脉冲波形会有较大变化。

4.5　窄带干扰抑制（三）——小波分析

4.5.1　时频局部分析

为了了解信号 $x(t)$ 的频率特性，可以进行傅里叶变换，但是这样得到的是信号在整个时域的频谱，而不是局部时间范围内信号的频率特征。为了了解信号 $x(t)$ 在局部时间范围内的频率特性，可以进行短时傅里叶变换（short time Ft，STFT），或称加窗傅里叶分析。这种分析是先对信号 $x(t)$ 施加时间上有限的滑动窗函数 $\omega(t-\tau)$，再进行傅里叶变换

$$\text{STFT}_x(\omega,\tau) = G_x(\omega,\tau) = \int_{-\infty}^{\infty} x(t)(t-\tau)\mathrm{e}^{-\mathrm{j}\omega t}\mathrm{d}t \tag{4-9}$$

$$x(t) = \frac{1}{2\pi} \int_{-\infty}^{\infty} \mathrm{d}\omega \int_{-\infty}^{\infty} G_x(\omega,\tau)\omega(t-\tau)\mathrm{e}^{\mathrm{j}\omega t}\mathrm{d}\tau \tag{4-10}$$

上两式中，τ 反映滑动窗的时域位置，随着 τ 的变化，$x(t)$ 逐步进入被分析状态。但是，STFT 在分析频率降低时时域视野并不放宽，分析频率增加时频域分析范围也不放宽，不能敏感地反映信号的突变。

小波变换（wavelet transform，WT）是近年来发展起来的强有力的信号处理工具，具有多分辨率特性，可以在时、频两域表现信号的局部特征，比傅里叶变换和 STFT 更适合于处理具有瞬态突变特性的信号。

4.5.2 小波变换

一个平方可积函数 $x(t)\in L^2(R)$ 的小波变换

$$WT_x(a,\tau)=\frac{1}{\sqrt{a}}\int_{-\infty}^{\infty}x(t)\psi^*\frac{t-\tau}{a}\mathrm{d}t=\int_{-\infty}^{\infty}x(t)\psi_{ax}^*(t)\mathrm{d}t=<x(t),\psi_{ax}(t)>\quad a>0$$

$$\psi_{a\tau}(t)\frac{1}{\sqrt{a}}=\psi\left(\frac{t-\tau}{a}\right)\tag{4-11}$$

$$<x(t),\psi_{ax}(t)>=\int x(t)y^*(t)\mathrm{d}t$$

式中　　　　a——尺度因子；

　　　　　　τ——位移，其值可正可负；

　　　　　　*——代表取共轭；

　　　$\psi_{a\tau}(t)$——基本小波的位移和尺度伸缩；

$<x(t),\psi_{ax}(t)>$——代表内积。

式（4-11）的等效频域表示是

$$WT_x(a,\tau)=\frac{\sqrt{a}}{2\pi}\int_{-\infty}^{\infty}x(\omega)\psi^*(a\omega)\mathrm{e}^{-\mathrm{j}\omega t}\mathrm{d}t\quad a>0\tag{4-12}$$

其中 $x(\omega)$、ψ^* 分别为 $x(t)$ 和 $\psi(at)$ 的傅里叶变换。

已经知道 $\psi(t)$ 的 FT 为 $\psi(t)$，那么 $\psi(t/a)$ 的 FT 为 $|a|\psi(a\omega)$，可见小波变换可看作用基本频率特性为 $\psi(a\omega)$ 的带通滤波器在不同尺度 a 下对信号滤波，滤波器的中心频率随 a 的缩小而增高，带宽也相应变宽（滤波器组的品质因数恒定）换言之，a 值小时，时域观察范围小，但在频域上相当于用较高频率对信号作细节分析；a 值大时，时域观察范围大，但在频域上相当于

用较低频率对信号作概貌分析。

适当选择基本小波，使 $\psi(t)$ 在时域上为有限支撑，$\psi(\omega)$ 在频域上也比较集中，便可使小波变换在时、频两域都具有表征信号局部特征的能力。因此，小波变换具有多分辨率（或称多尺度）的特点，可以由粗到精地逐步观察信号。

基本小波函数 $\psi(t)$ 至少须满足条件 $\psi(\omega=0)=0$，即 $\psi(\omega)$ 具有带通性质，而 $\psi(t)$ 的波形则必为正负交替，且其平均值为零。常用小波有 Harr 小波、Morlet 小波、Marr 小波、样条小波、Daubechies 小波等。作为示例，图 4-16 给出 Har 小波图形。对基本小波的要求及常用小波的详细情况可参见有关书籍。

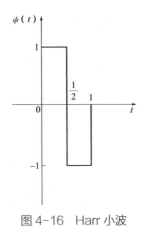

图 4-16　Harr 小波

4.5.3 尺度及位移离散栅格下的小波变换

为了压缩数据和节约计算量，可在离散的尺度和位移值下进行小波变换。

尺度因子 a 一般按幂级数离散化，分别取值为 a_0^j，$j=1,2,3,\cdots$。通常，取 $a_0=2$，即 a 分别取值 2^j，此时相应的小波为 $2^{-j/2}\psi[2^{-j}(t-\omega)]$，$j=0,1,2,\cdots$。

位移 τ 通常均匀离散，为了不丢失信息，离散的间隔时间 T_s 应不大于相应于 Nyquist 频率的时间。这样，$\tau=kT_s(k\in Z)$；若将时间轴对 T_s 归一，则 $\tau=k$。考虑到 j 值每增加 1，a 将乘以 2，分析频率降低一半，离散的间隔时间 T_s 也可增为 2 倍。可知，若 $j=0$ 时 τ 的离散间隔时间为 T_{s}，则当尺度为 j 时，τ 的离散间隔时间可取为 $2^{j}T_{\text{s}}$，或取归一值 $\tau=k2^{j}$。

当尺度及位移离散化时，小波 $\psi_{\text{a}\tau}(t)$ 可改写为 $\psi_{\text{jk}}(t)$

$$\psi_{\text{jk}}(t)=2^{-j/2}\psi[2^{-j}(t-k)]\quad j=0,1,2,\cdots;\ k\in Z \tag{4-13}$$

而在离散栅格点上计算得到的小波变换记作

$$WT_{\text{x}}(j,k)=\int x(t)\psi_{\text{jk}}^{*}(t)\text{d}t \tag{4-14}$$

引入"小波级数"概念。一定条件下，信号 $x(t)$ 可以级数形式表达为

$$x(t)=\frac{1}{A}\sum_{j}\sum_{k}WT_{\text{x}}(j,k)\psi_{\text{jk}}(t) \tag{4-15}$$

式中　$WT_{\text{x}}(j,k)$——小波级数的系数。

4.6 白噪抑制

白噪声是电气设备信号检测中经常遇到的一种随机干扰，可以使用时域平均法或小波分析法进行抑制。

4.6.1 时域平均法

时域平均法的原理比较简单。如果被检测的信号是周期性的，例如，对按电源频率 50Hz 周期性出现的局部放电信号，就可使用时域平均法来抑制测获信号中的白噪干扰。

如在时域内按有用信号周期（例如，对局部放电信号是工频周期）的整数倍将测获数据划分为若干个样本，再进行平均，则数据处理前后有用信号的幅度基本不变，而白噪干扰将受到抑制。这种方法就称为时域平均法。

白噪随机地围绕时间轴上下波动，通常认为遵从正态分布，其均值为 $m=0$，标准差为 σ。由于正态随机变量超越 $[m-3\sigma, m+3\sigma]$ 的概率极低，只有 0.3%，因此白噪的绝对值般不超过 3σ。

白噪抑制效果与测获信号划分的样本数 n 有关。测获信号经时域平均处

理后，白噪干扰的均值仍接近于零，而标准差则降为 $\sigma/\sqrt{n}$。由于白噪最大一般不超过 $3\sigma/\sqrt{n}$，与处理前相比，干扰降为原来的 $1/\sqrt{n}$，或者说信噪比提高为原来的 $\sqrt{n}$ 倍。

图 4-17 给出用时域平均法抑制白噪前后的对比。有用信号每隔 1000μs 周期性出现。测获信号的长度为 9000μs，图 4-17（a）给出其中 1000μs 的信号波形，可以看到有用信号与干扰混杂，无法区分。将 9000μs 的数据划分为 9 个样本，并进行平均，图 4-17（b）给出经时域平均处理后的情况，白噪被抑制，有用信号明显突出。

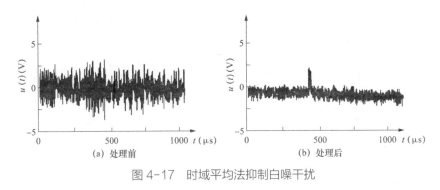

图 4-17　时域平均法抑制白噪干扰

4.6.2 小波去噪法

1. 基本原理

4.4 中已提及，小波变换具有在时、频两域突出信号局部特征的能力，这些特征可以是反映个别信号特点的某些量，也可以是很多信号共有的共性量。例如，信号的过零点、极值点和过零间隔等就是信号的共性特征。小波变换奇异点（如过零点、极值点）在多尺度下的综合表现，使其具有表征信号突变特征的能力。

对阶跃式边沿输入 $x(t)$，其小波变换 $WT^{(1)}x(t)$ 具有极值点，$WT^{(2)}x(t)$ 具有过零点 [注：$y^{(1)}(t)$ 和 $y^{(2)}(t)$ 分别表示 $\mathrm{d}y/\mathrm{d}t$ 和 $\mathrm{d}^2y/\mathrm{d}t^2$]。对 δ 函数式尖峰输入 $x(t)$，其小波变换 $WT^{(1)}x(t)$ 具有过零点，$WT^{(2)}x(t)$ 具有极值点。可知，可由小波变换的过零点或极值点来检测信号的局部突变。由于过零点

的检测易受干扰，因此采用极值点的效果更好。

2. 小波变换极大值在多尺度上的变化

数学上采用李氏指数（Lipschitz exponent）a 来表征函数的局部特征。例如，斜坡函数的 $a=1$，阶跃函数的 $a=0$，函数的 $a=-1$。

如果有

$$|WT_a x(t)| \leqslant Ka^a$$

当尺度因子 $a=2^j$ 时，得

$$\log_2|WT_a x(t)| \leqslant \log_2 K + j\alpha \tag{4-16}$$

式（4-16）给出了小波变换的对数值随尺度 j 和李氏指数 α 的变化规律，此规律在小波变换的极值上反映得最为明显。当 $\alpha>0$ 时，小波变换的极大值随尺度 a（也就是 j）的增大而增大；当 $\alpha<0$ 时，小波变换的极大值随尺度的增大而减小；当 $\alpha=0$ 时，小波变换的极大值不随尺度改变。

3. 小波去噪

上述规律的实际应用之一是抑制白噪。白噪的李氏指数 $\alpha=-0.5-\varepsilon(\varepsilon>0)$，因此其小波变换极大值随尺度的增加而减小，或者说白噪的极大点随尺度增加而减少。可见，当信号中混有白噪时，大尺度下的极大点主要属于信号。

消除白噪的做法是：对测获信号进行不同尺度下的小波变换；以大尺度下的极值点为基础；逐步减小 j 值，根据高一级极值点的位置寻找本级的对应极值点，并去除其他极值点；逐级搜索，直至 $j=1$ 为止；以选择出来的极值点来重建信号。

对小波去噪法的效果进行了仿真分析。用指数衰减信号作为模拟局部放电信号，其最大幅值为 200mV，如图 4-18（a）所示。在模拟局放信号上叠加最大值为 400mV 的白噪声，如图 4-18（b）所示，可以看出局部放电信号被白噪完全淹没，信噪比为 -6dB。图 4-18（c）为经小波去噪处理后的信号，由图可以看出，白噪得到很好抑制，局放信号明显突出于白噪之上，幅值虽由 200mV 降为 180mV，但白噪最大值被抑制为 50mV，此时信噪比为 11dB，提高了 17dB。

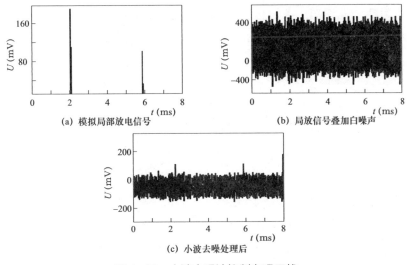

(a) 模拟局部放电信号　　　　　(b) 局放信号叠加白噪声

(c) 小波去噪处理后

图 4-18　小波去噪法抑制白噪干扰

4.7 脉冲干扰抑制

如前述介绍，对脉冲型干扰可区分为周期性脉冲干扰和随机性脉冲干扰两大类。对随机性脉冲干扰，由于干扰在时间、幅度、脉冲参数上的随机性，对其进行抑制是相当困难的。对周期性脉冲干扰，虽然干扰的出现具有周期性，但由于情况的复杂多样，例如导体电晕在发生相位和幅度上的分散性，某些周期性脉冲干扰与局部放电信号的相似性，使得对这些脉冲干扰的抑制也很困难。

有文献报道可使用平衡法或脉冲鉴别法，由于现场实际情况的复杂性，为使这两种方法诊能实际使用，尚需进一步研究。

时域开窗法是对测获信号进行分析，对确认的脉冲型干扰，通过软件对干扰所处时域内的数据置零，以此来抑制脉冲干扰。这是目前比较通用的一种方法。

对脉冲型干扰的确认，可以依靠熟练人员的经验，或根据被检测对象和干扰的具体情况，建立脉冲型干扰的有效判断准则。以电力变压器局部放电为例进行说明。

电力变压器局部放电信号的检测通常使用高频（HF）法，检测装置的频率范围为 1kHz ~ 2MHz。高频法简单、易行，可校订视在放电量，但易受母线等电晕和功率电子器件的影响。对这些干扰可通过时域开窗法抑制。对干扰的确认虽可依靠熟练人员的经验，但是更有效的方法是根据特高频（UHF，300MHz ~ 3GHz）法检测到的信号来确认干扰，其依据是油纸结构变压器中局部放电信号与空气中电晕等干扰在频率特性上的差异。

在实验室中用 UHF 法与 HF 法同时检测油中和空气中的模型放电信号。图 4-19 给出油中沿面放电和空气中电晕放电的测量结果。对油中放电，UHF 与 HF 信号脉冲之间的对应性较好；对空气中电晕，HF 法能测得信号，而 UHF 法得不到信号。对功率电子器件引起的脉冲干扰，由于其频带上限远小于 300MHz，因此也是 HF 法能测得信号，而 UHF 法测不到信号。

由此可知，可根据 UHF 测量结果中的脉冲信号来确定 HF 测量结果中的对应脉冲为放电信号。保留这些信号，将其他时段内的数据置零，从而抑制 HF 法结果中的脉冲干扰。

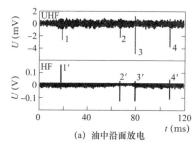 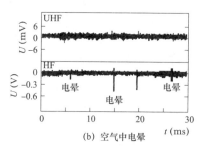

图 4-19　典型电极放电的数据分析

4.8　数据的处理

4.8.1　全相位 FFT 算法设计

介损因其自身在 10^{-3} 数量级上，所以对电压电流的相位测量提出了很高的要求，一般相位测量可分为模拟方法和数字方法。模拟方法需专业的硬件，成本高算，电磁场、零漂及温漂对硬件造成的干扰对测试结果影响较大。数字化测相技术一般采用 FFT 算法。传统 FFT 进行频谱分析时，若被采样信号不是频率分辨率的整数倍，则会产生严重的频谱泄漏和栅栏效应，使得相位测量精度很差。APFFT 具有良好的频谱分析特性，能够有效地抑制频谱泄漏；在能量中心多谱线范围内，具有信号初相的相位不变性。相比于传统 FFT，它不受信号频率须为频率分辨率整数倍的制约，能显著提高测相精度。

APFFT 是从考虑包含某样点所有循环移位后的数据分段的 DFT 谱衍生而来。对于时间序列中的一点 $x(0)$，存在且只存在 N 个包含该点的 N 维向量

$$x_0(n) = [x(0), x(1), \cdots, x(N-1)]^{\mathrm{T}}$$

$$x_1(n) = Z^{-1} x_0(n) = [x(-1), x(0), \cdots, x(N-2)]^{\mathrm{T}} \tag{4-17}$$

$$\cdots\cdots$$

$$x_{N-1}(n) = Z^{-N+1} x_0(n) = [x(-N+1), x(-N+2), \cdots, x(0)]^{\mathrm{T}}$$

Z^{-j} 为延迟算子。将每个循环变量进行循环移位，把样本点 $x(0)$ 移到首位，则可得到另外的 N 个 N 维向量

$$x_0'(n) = [x(0), x(1), \cdots, x(N-1)]^{\mathrm{T}}$$

$$x_1'(n) = x_0(n) = [x(0), x(1), \cdots, x(-1)]^{\mathrm{T}} \tag{4-18}$$

$$x_{N-1}'(n) = [x(0), x(-N+1), \cdots, x(-1)]^{\mathrm{T}}$$

对准 $x(0)$ 相加并取其平均值，则可得到全相位数据向量

$$x_{\mathrm{ap}}(n) = \frac{1}{N}[Nx(0), (N-1)x(1) + x(-N+1), \cdots, x(N-1) + (N-1)x(-1)]^{\mathrm{T}} \tag{4-19}$$

根据 FFT 的移位性质，式（4-18）的 $x_i'(n)$ 的离散傅里叶变换 $X_i'(k)$ 和式（4-17）的 $x_i(n)$ 的离散傅里叶变换 $X_i(k)$ 之间对应的关系

$$x_i'(k) = X_i(k)\mathrm{e}^{\mathrm{j}\frac{2\pi}{N}ik}; \quad i, k = 0, 1, \cdots, N-1 \tag{4-20}$$

对式（4-18）的 $X_i'(k)$ 进行加权求和平均即为 APFFT 的输出

$$x_{\mathrm{ap}}(k) = \frac{1}{N}\sum_{i=0}^{N-1} X_i'(k) = \frac{1}{N}\sum_{i=0}^{N-1} X_i(k)\mathrm{e}^{\mathrm{j}\frac{2\pi}{N}ki} = \frac{1}{N^2}\sum_{i=0}^{N-1}\sum_{n=0}^{N-1} x(n-i)\mathrm{e}^{\mathrm{j}\frac{2\pi}{N}ki}\mathrm{e}^{-\mathrm{j}\frac{2\pi}{N}kn}$$

对于单频复指数信号：$x(n)=\mathrm{e}^{\mathrm{j}(\omega_0 n+\varphi_0)}=\mathrm{e}^{\mathrm{j}(2n\beta\pi/N+\varphi_0)}$，其中 ω_0 表示为 β 倍频率间隔 $2\pi/N$ 的形式，代入式（4-19）经化简可得频谱

$$x_{\mathrm{ap}}(k)=\frac{\mathrm{e}^{\mathrm{j}\varphi_0}}{N^2}\cdot\frac{\sin^2[\pi(\beta-k)]}{\sin^2[\pi(\beta-k)/N]}\qquad（4-21）$$

而直接 FFT 得到的频谱为

$$x(k)=\frac{\mathrm{e}^{\mathrm{j}\varphi_0}}{N^2}\cdot\frac{\sin[\pi(\beta-k)]\mathrm{e}^{[-\mathrm{j}(\beta-k)\pi]}}{\sin[\pi(\beta-k)/N]}\qquad（4-22）$$

比较式（4-21）和式（4-22）可知，式（4-21）中的平方关系是相对于所有谱线而言的，也就是说旁瓣谱线相对于主瓣谱线的比值是按照这种平方关系衰减下去的，这就会使主谱线显得更为突出，因此，APFFT 比 FFT 具有更好地抑制频谱泄漏的性能。

4.8.2 数据校正

受电气设备运行现场自然环境和电磁环境中各种因素的作用，在线监测数据可能会受到影响，在根据监测数据进行状态判断前，应对数据进行校正。由于不同设备受环境因素的影响各异，现以电容型电流互感器介质损耗因数的在线监测数据为例说明。图 4-20 给出三台 500kV 电容型电流互感器（分别为 A、B、C 相），自 1999 年初至 2000 年秋的介质损耗因数的在线监测数据 0（因未进行初始值校订，图中介质损耗监测值可能出现负值）。其中，C 相数据变化剧烈（约 2.4%），可判断存在缺陷；但 A、B 两相的数据不稳定，其波动为 1% 左右，很难分析是否存在缺陷。经分析，数据不稳定的主要原因是电流传感器的性能受环境温度影响而发生了变化。因此，需要对介质损耗监测值进行温度校正。以下介绍四种温度校正方法。

1. 电流传感器温度特性校正法

根据周围环境温度和所使用的电流传感器的温度特性，对介质损耗监测值进行数据校正是一种最直接的方法。

某 220kV 电容型电流互感器自 1999 年 1 月 1 日至 2002 年 6 月 30 日期间

的介质损耗监测值见图 4-21，变动幅度为 1.39%。用传感特性法进行了校正，变动幅度缩小为 0.52%。而与平均值相比变动值为 0.26%。考虑到环境温度变化时，被测设备介质损耗本身也可能改变，因此这种校正方法是可以接受的。

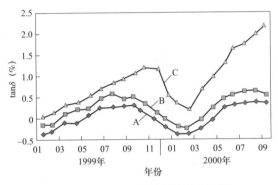

图 4-20 500kV 电容型电流互感器

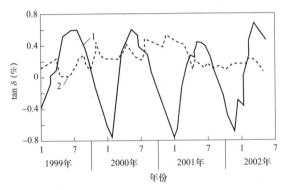

图 4-21 某 220kV 电容型电流互感器的介质损耗

由于温度特性试验的复杂性，如果不是每支电流互感器都已取得温度特性，还可使用以下温度校正方法。

2. 同期数据对比校正法

考虑到各地区每年的温度变化规律基本相同，所以可尝试用不同年份相同日期的介质损耗比较来进行温度校正。

仍以上述电流互感器为例。将 1999 年全年的数据作为比较基数，用 2000、2001 年的介质损耗值减去 1999 年同日的介质损耗值，得到介质损耗差值进行校正。校正结果见图 4-22，校正后介质损耗监测值的变动幅度由 1.39%

缩小为 0.46%，与平均值相比，校正后介质损耗变动值为 0.23%。

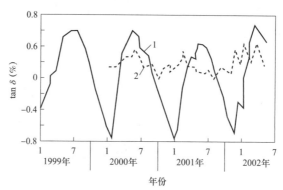

图 4-22　某 220kV 电容型电流互感器的介质损耗

3.同温数据对比校正法

由于第二年某日温度与第一年同日的温度可能有较大差异，因此又进行了改进：如果某日温度与第一年同日的温度差超过 5℃，则就近寻找第一年同期温度相近时的介质损耗值作为基数进行比较。

某 500kV 电容型电流互感器自 1999 年 1 月 1 日至 2002 年 11 月 10 日期间的介质损耗监测值见图 4-23，变动幅度为 0.69%。用同温对比法进行了校正，变动幅度缩小为 0.35%，而与平均值相比变动值为 0.18%。

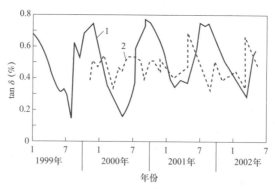

图 4-23　某 500kV 电容型电流互感器的介质损耗

4.电流传感器近似温度特性校正法

对运行超过半年时间的电容型设备在线监测装置，可以由介质损耗监测值与环境温度的关系，推算出传感器的近似温度特性曲线，并进行校正。

　　仍以上述电流互感器为例。用近似特性法进行校正，结果见图4-24。校正后，介质损耗监测值的变动幅度由0.69%缩小为035%，与平均值相比，校正后介质损耗变动值为0.18%

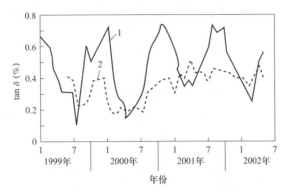

图4-24　某500kV电容型电流互感器的介质损耗

　　在介绍了四种温度校正方法后，对图4-24示的介质损耗监测数据采用同期对比法进行校正，3台电流互感器两年同日介质损耗差的变化曲线见图4-25，A、B两相的变化在0.4%左右，与平均值的偏差不超过0.2%，可判断为无缺陷；而C相数据变化剧烈，介质损耗差的变化为1.2%，可判断存在缺陷。

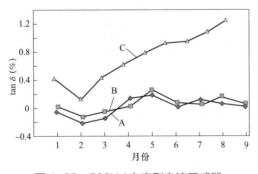

图4-25　500kV电容型电流互感器

4.8.3　信号拟合

　　在线监测通常都是进行数字测量的。以采样率f_s对时域信号$s(t)$进行数

117

字化测量时，得到的是离散时间序列——M 个采样值 $s(t_j)$，$j = 0, \cdots, M-1$ 有时需要从离散时间序列 $s(t_j)$ 得到时域信号 $s(t)$，称为信号拟合或信号重建。

常见的是正弦信号 $s(t) = A\sin(\omega t + \varphi)$ 的拟合，下面以此为例，介绍三种方法：傅里叶分析法、正弦波参数法、高阶正弦拟合法。

傅里叶分析法是广泛采用的一种算法。A、ω、φ 是工频基波信号特征，而正弦信号经傅里叶变换得到的是线谱，若不满足条件 $f_s/f = \text{Int}_1$ 和 $M/\text{Int}_1 = \text{Int}_2$（其中 Int 是整数），则分离线谱不一定对应工频基波频率。可以使用插值方法来取得工频基波信号特征，但会带来误差。此外，还会因信号截断、频域泄漏而影响测量结果。因此，应用傅里叶分析法时，需要满足同步采样条件。

正弦波参数法是应用最小二乘拟合算法，求得正弦波参数 A 和 φ 的一种方法。展开信号为 $s(t) = D_1 \sin\omega t + D_2 \cos\omega t$，式中 $D_1 = A\cos\varphi$，$D_2 = A\sin\varphi$ 由此可得

$$A = \sqrt{D_1^2 + D_2^2} \tag{4-23}$$

$$\varphi = \arctan(D_2/D_1) \tag{4-24}$$

在对信号 $s(t)$ 采样，并用合适算法求得 D_2 和 D_1 后，即可由上式算出 A 和 φ。

对 $s(t)$ 的 M 个采样值 $s(t_j)$，$j = 0, \cdots, M-1$，采用最小二乘法来求取 D_1 和 D_2，即拟合信号与实际信号的总体误差平方和达到最小。令误差平方和为

$$X = \sum_{j=0}^{M-1}[D_1\sin\omega t_j + D_2\cos\omega t_j - i(t_j)] \tag{4-25}$$

为使其最小，则下式成立

$$\frac{\partial X}{\partial D_1} = 0, \quad \frac{\partial X}{\partial D_2} = 0 \tag{4-26}$$

由以上公式可得如下线性方程组

$$\boldsymbol{A}^{\mathrm{T}}\boldsymbol{A}\boldsymbol{D} = \boldsymbol{A}^{\mathrm{T}}\boldsymbol{G} \tag{4-27}$$

其中

$$\boldsymbol{A} = \begin{array}{cc} \sin\omega t_0 & \cos\omega t_0 \\ \sin\omega t_1 & \cos\omega t_1 \\ \sin\omega t_{M-1} & \cos\omega t_{M-1} \end{array}, \quad \boldsymbol{G} = \begin{array}{c} i(t_0) \\ i(t_1) \\ i(t_{M-1}) \end{array}, \quad \boldsymbol{D} = \begin{array}{c} D_1 \\ D_2 \end{array}$$

解上述线性方程组，即可求出 D_1 和 D_2。

正弦波参数法应用了三角函数正交性，但正交性仅在 f 和 f 满足整数倍时才成立。因此，应用正弦波参数法时，也需要满足同步采样条件。

高阶正弦拟合法是非同步采样条件下的算法，考虑到实测数据可能包含直流和谐波分量，所以它以直流分量幅值、基波频率、基波和谐波分量的幅值和初相角为优化对象，用高阶正弦模型来拟合 $s(t)$ 的采样数据。

设被测信号由直流、基波和谐波分量组成且谐波被限制在 N 次内，则可表示为

$$s(t) = A_0 + \sum_{k=1}^{N} A_k \sin(k\omega t + \varphi_k) \qquad (4\text{--}28)$$

式中 A_0——直流分量；

   ω ——基波频率；

A_k，φ_k——k 次谐波的幅值和初相角。

对信号 $s(t)$ 采样后得到 M 点离散序列 $s(t_j)$，$j = 0, \cdots, M-1$，拟合的目标函数为

$$\hat{s}(t) = \hat{A}_0 + \sum_{k=1}^{N} \hat{A}_k \sin(k\hat{\omega}t + \hat{\varphi}_k) \qquad (4\text{--}29)$$

4.8.4 相关分析

信号的相关分析是故障诊断中十分有用的方法。例如，通过相关分析，可以识别检测信号中的周期性成分、排除噪声干扰、提取有用信息等。

1. 自相关函数

自相关函数反映的是同一随机过程不同时刻随机变量之间的相互关系。

将检测所得信号和它在某一时移 τ 之后的波形做比较，取得自相关函数，并以此为基础进行的分析称为自相关分析。

设 $x(t)$ 是检测所得信号样本，$x(\tau+x)$ 是 $x(t)$ 时移 τ 后的样本，定义自相关函数为

$$R_{\mathrm{x}}\left(\tau\right) = \lim_{T \to \infty} \frac{1}{2T} \int_{-T}^{T} x(t)x(t+\tau)\mathrm{d}t \qquad (4\text{-}30)$$

若数据采集时的采样间隔时间为 T_{s}，时移 $\tau = mT_{\mathrm{s}}$，则离散形式的自相关函数可简记为

$$R_{\mathrm{x}}\left(m\right) = \lim_{Z \to \infty} \frac{1}{2Z+1} \sum_{k=-Z}^{Z} x(k)x(k+m) = E[x(k)x(k+m)] \qquad (4\text{-}31)$$

当由有限长（长度 N）的离散时间序列 $x(j)(j=0,1,\cdots,N-2,N-1)$ 作估计时，自相关的估计式为

$$\hat{R}_{\mathrm{x}}\left(m\right) = \frac{N}{(N-|m|)^2} \sum_{k=0}^{Z-|m|-1} x(k)x(k+m) \qquad (4\text{-}32)$$

因为 $E[\hat{R}_{\mathrm{x}}\left(m\right)] = R_{\mathrm{x}}(m)$，按此公式所得估计为无偏估计。

2. 互相关函数

互相关函数反映的是两个随机过程不同时刻随机变量之间的相互关系。将检测所得信号和另一信号在某一时移之后的波形做比较，取得互相关函数，并以此为基础进行的分析称为互相关分析。

设 $x(t)$，$y(t)$ 是检测所得两个信号样本，$y(t+\tau)$ 是 $y(t)$ 时移 τ 后的样本，定义互相关函数为

$$R_{\mathrm{xy}}\left(\tau\right) = \lim_{T \to \infty} \frac{1}{2T} \int_{-T}^{T} x(t)y(t+\tau)\mathrm{d}t \qquad (4\text{-}33)$$

若数据采集的采样间隔时间为 T_{s}，时移 $\tau = mT_{\mathrm{s}}$，则离散形式的互相关函数可简记为

$$R_{\mathrm{xy}}\left(m\right) = \lim_{Z \to \infty} \frac{1}{2Z+1} \sum_{k=-Z}^{Z} x(k)x(k+m) = E[x(k)x(k+m)] \qquad (4\text{-}34)$$

与自相关函数一样，互相关函数的估计也采用有偏估计。

$$\hat{R}_{xy}(m) = \frac{1}{N}\sum_{k=0}^{Z-|m|-1} x(k)x(k+m)$$　　　　（4-35）

仅当 $N \to \infty$ 时，估计才是无偏的。

第 5 章

数据传输技术

5.1 基于 IEC 61850 标准的数据传输

电力互感器在线监测系统运行时，需要将互感器二次电压/电流值数字化后，将采样值传输后进行数据分析处理。由于传输的实时性，该采样值具有数据量大的特点，同时由于需要进行计量性能分析，对传输可靠性与传输延时误差也有一定要求，考虑到目前变电站智能化发展趋势与兼容性、传输可靠性等因素，由 IEC 61850-9-2 规定的 SV 通信服务映射，将成为采样值传输的最优选择。通过 MMS 报文映射的方式也可将计算分析后的状态监测值上传至站控层，并进一步远传至远方数据分析中心。

5.1.1 IEC 61850 标准概述

IEC 61850 是 IEC TC57 工作组制定的变电站内设备通信的规范，于 2003年开始陆续发布。IEC 61850 从开始制定到正式颁布，前后花了近 10 年时间。IEC 61850 标准融合了业界先进的通信和软件技术，在深入剖析变电站功能的基础上，将变电站通信的信息从具体的实现中抽象出来，体现了变电站设备通信的本质，可以说是变电站通信规约发展的集大成者。在 IEC 61850 颁布之前，变电站内的通信规约林林总总，有设备制造商制定的、针对特定硬件接口的规约，如 MODBUS、PROFIBUS、CAN 等规约；也有 IEC 颁布的基于串口的 IEC 60870-5-103 规约；还有国内制造商制定的各种扩展网络 103 规约。这些规约都具有相同的特点：①依赖特定接口；②规约内容与通信码流绑定，可扩展性差；③通信规约与设备功能关联性强，不利于规约的发展。

IEC 61850 在制定中采用了面向对象的抽象方法。首先对变电站功能进行了抽象与归类，以功能为基本单元分析其通信需求，在其基础上抽象出具有普遍性的抽象通信服务接口；针对不同的通信接口与通信实现要求，制定了特定通信服务的映射。为了使功能自由分配给智能电子设备，由不同制造商提供设备的功能之间应具有互操作性，功能分成由不同智能电子设备实现的许多部分，这些部分之间彼此通信（分布式功能），并和其他功能部分之间通信，由这些基本功能单元（逻辑节点）实现通信的互操作性。

对变电站自动化系统而言，其功能主要是控制、监视和保护，可将其功能分成：变电站层、间隔层、过程层3个大的层次，在此基础上划分各种子功能，并且定义了层与层之间逻辑上的通信接口，如图5-1所示。通过这种方法，IEC 61850具备了扩展性强、互操作性好等特点。

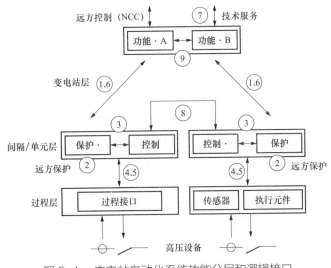

图5-1 变电站自动化系统功能分层和逻辑接口

IEC 61850规范文本共分为10章内容，第1~第4章主要是概括性说明和要求；第5章是对变电站IED功能和通信要求的概括和抽象；第6章是变电站信息描述的方法定义（变电站配置语言）；第7章是通信服务基本结构，包括抽象通信服务接口、公共数据类和逻辑节点类的定义；第8、9章是特定通信服务映射，包括MMS、GOOSE、SV的映射；第10章是一致性测试规定。

5.1.2 IEC 61850基本原理

IEC 61850的核心内容是信息模型和通信服务。信息模型是通信交互的内容、是通信的目的；通信服务是通信的手段，决定了通信的过程和性能。

1. 信息模型

在传统变电站中，装置的功能与信息是相对固定的，是面向过程的。这些信息对外以信息点表的方式呈现，通信程序负责将这些信息点在装置之间进行交换。通信规约是面向信息点表的，所有信息都汇集到监控后台进行功能集成。监控后台是全站的信息集成中心，包括变电站自动化系统中的监控主机、工程师站、操作员工作站等。监控后台的集成工作实际上是将各分散装置的信息配置到相关功能模型的数据库中，相当于信息建模的工作。

这种方式下监控后台集成的工作量很大，因为其相关功能的实现（如断路器控制）建立在装置信息点的基础之上，所以需要通信上进行信息对点工作。同时当变电站功能需要扩展时，经常会遇到通信规约无法适应的问题，需要扩展通信规约，修改通信程序。

IEC 61850 采用面向对象的方法，将变电站功能划分成一个个逻辑节点，这些逻辑节点代表了最小的功能单元，分布于各个装置之中。整个变电站集成时，只需将这些功能集中起来，并不需要对其进行信息建模（数据库配置），全站信息对点的工作也可大大简化，集成效率显著提高。

IEC 61850-7-3、IEC 61850-7-4 定义了各种数据对象类和逻辑节点类，IEC 61850-7-2 中定义了用这些逻辑节点组成更高层次功能的方法。下面就 IEC 61850 标准定义的公用数据类和逻辑节点类做简要介绍。

（1）功能模型。IEC 61850-5 将整个变电站的功能进行分解，使其满足功能自由分布和分配的要求。变电站自动化功能被分解成一个个逻辑节点（Logic Node），这些节点可分布在一个或多个物理装置上。通过对这些逻辑节点的组合，可生成新的逻辑设备（Logic Device），逻辑设备可以是一个物理设备，也可以是物理设备的一部分，如图 5-2 所示。逻辑节点是功能划分中的最小实体，本身具备了很好的封装，逻辑节点之间通过逻辑连接（Logic Connect）进行信息交换。由于有一些通信数据不涉及任何一个功能，仅仅与物理装置本身有关，如铭牌信息、装置自检结果等，为此需要一个特殊的逻辑节点，IEC 61850 定义了 LLNO 逻辑节点，用以表征逻辑设备本身的信息。

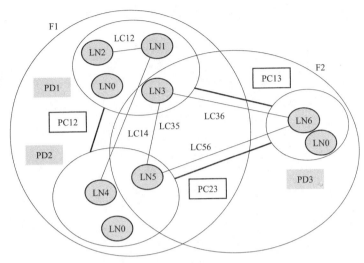

图 5-2　逻辑节点和逻辑连接

逻辑连接是一种虚连接，主要用于交换逻辑节点间的通信信息片（PICOM）。逻辑节点配给物理设备，逻辑连接映射到物理连接，实现了设备之间的信息交换。逻辑节点的功能任意分布特点和它们之间的抽象信息交互使得变电站自动化系统真正实现了功能的自由分布。

IEC 61850 按照上述原则，将变电站自动化系统划分为以下六类功能：

1）系统支持功能，包括网络管理、时间同步、物理装置自检。

2）系统配置或维护功能，包括节点标识、软件管理、配置管理、逻辑节点运行模式控制、设定、测试模式、系统安全管理。

3）运行或控制功能，包括访问安全管理、控制（同期分合）、参数集切换、告警管理、事件记录、数据检索、扰动/故障记录检索。

4）就地过程自动化功能，包括保护功能（通用）、间隔联锁、测量、计量和电能质量监视。

5）分布自动化支持功能，包括全站范围联锁、分散同期检查。

6）分布过程自动化功能，包括断路器失灵、自适应保护（通用）、负荷减载、负荷恢复、电压无功控制、馈线切换和变压器转供、自动顺控等。

这些功能可进一步分解为 IEC 61850-7-4 中定义的 12 大类近 90 个的逻

辑节点，这些辑节点（见表 5-1）构成了装置功能的基本要素。

表 5-1　　　　　　　　IEC 61850 定义逻辑节点概况

逻辑节点组指示符	节点标识	包含逻辑节点数量
A	自动控制类	4
C	控制逻辑类	5
G	通用功能引用类	3
I	接口和存档类	4
L	系统逻辑节点类	2
M	计量和测量类	7
P	保护功能类	28
R	保护相关功能类	10
S	传感器，监视类	3
T	仪用互感器类	2
X	开关设备类	2
Y	电力变压器和相关功能类	4
Z	其他（电力系统）设备类	14

（2）数据模型。逻辑节点由若干个数据对象组成。数据对象是 ACSI 服务访问的基本元素，也是设备间交换信息的基本单元。IEC 61850 根据标准的命名规则，定义了近 30 种公用数据类。数据对象是用公用数据类（CDC）定义的对象实体。

公用数据类是变电站应用功能相关的特定数据类型，它由数据属性（Data Attribute）构成。数据属性可以是基本数据类型，也可以是一个数据对象。变电站自动化所涵盖的基本功能包括测量、控制、遥信、保护（事件、定值）、自描述等功能数据，IEC 61850 将这些内容抽象成 7 个大类的公用数据类：

1）状态信息的公用数据类，包括单点、双点、整数、保护动作、保护启动、二进制计数器读数等状态类。

2）测量信息的公用数据类，包括测量值、复数测量值、采样值、丫形和

△形的三相测量值、序分量测量、谐波测量、丫形和△形的三相谐波测量值。

　　3）可控状态信息的公用数据类，包括可控单点、可控双点、可控二进制步位置、可控整数步位置。

　　4）可控模拟信息的公用数据类，包括可控模拟设点。

　　5）状态定值公用数据类，包括单点定值、整数状态定值。

　　6）模拟定值公用数据类，包括模拟定值、定值曲线。

　　7）描述信息公用数据类，包括设备铭牌、逻辑节点铭牌、曲线形状描述。

　　在公用数据类中，数据属性可以按照围绕数据相关的子功能划分为几个组，同一个组的数据属性表征了同一类的子功能，IEC 61850 称之为功能约束，如单点状态类 SPS 具有表 5-2 所规定的定义。

表 5-2　　　　　　　　　　IEC 61850 定义逻辑节点概况

SPS 类					
属性名	属性类型	功能约束	TrgOp	值 / 值域	M/O/C
stVal	BOOLEAN	ST	Dchg	TRUE|FALSE	M
q	Quality	ST	qchg		M
t	TimeStamp	ST			M
subEna	BOOLEAN	SV			PIC_SUBST
subVal	BOOLEAN	SV		TRUE|FALSE	PIC_SUBST
subQ	Quality	SV			PIC_SUBST
subID	VISIBLE STRING64	SV			PIC_SUBST
d	VISIBLE STRING255	DC		Text	O
dU	UNICODE STRING255	DC			O
cdcNs	VISIBLE STRING255	EX			AC_DLNDA_M
cdcName	VISIBLE STRING255	EX			AC_DLNDA_M
dataNs	VISIBLE STRING255	EX			AC_DLN_M

　　单点状态类具有 ST、SV、DC、EX 四种功能约束属性：ST 表征单点状态数据的状态输出功能，输出的条件为值变化（dchg）或品质变化（qchg）；SV

表征单点状态数据的输入功能，表示状态输出值可以通过取代的方式改变；DC表征单点状态数据的自描述功能，可以通过 d 或 dU 属性内容描述数据的语义；EX 表征单点状态数据的扩展功能，用于表示数据类或被定义数据的扩展信息。

公用数据类中，规定了属性的存在条件。通过选择属性的存在性，公用数据共可以派生出多个具体的数据类，适应不同的应用场合。

信息模型的创建过程是利用逻辑节点搭建设备模型的过程。首先使用已经定义好的公用数据类来定义数据类，这些数据类属于专门的公用数据类，并且每个数据都继承了相应公用数据的数据属性。IEC 61850-7-4 定义了这些数据代表的含义。再将所需的数据组合在一起就构成了一个逻辑节点，相关的逻辑节点就构成了变电站自动化系统的某个特定功能。逻辑节点可以被重复用于描述不同结构和型号的同种设备所具有的公共信息。IEC 61850-7-4 中定义了大约 90 个逻辑节点，使用了约 450 个数据。

2. 抽象通信服务接口

（1）基本概念。IEC 61850 根据电力系统运行过程以及所必需的信息内容，归纳出电力系统所必需的通信网络服务，对这些服务和信息交换机制进行标准化，并采用抽象建模的方法，形成了一套标准的、满足互操作要求的信息交换机制，这一机制就是抽象通信服务接口（Abstract Communication Service Interface，ACSI）。

ACSI 从通信中分离出应用过程，独立于具体的通信技术，提供特殊通信服务用于变电站通信，采用虚拟的观点去描述和表示变电站内设备的全部行为，采用抽象的建模技术为变电站自动化设备定义了与实际应用的通信协议无关的公共应用服务，并提供了访问真实数据和真实设备的接口途径。

ACSI 中的抽象概念体现在以下两个方面：

1）ACSI 仅对通信网络可见，且对可访问的实际设备（例如断路器）或功能建模，抽象出各种层次结构的类模型和它们的行为。

2）ACSI 从设备信息交换角度进行抽象，且只定义了概念上的互操作，ACSI 关心的是描述通信服务的具体原理，与采用的网络服务无关，实现了通信服务与通信网络的独立性。实现服务的具体通信报文及编码，则在特定通信服务映射 SCSM 中指定。

（2）通信方法。ACSI 中的服务具有两组基本通信模式，如图 5-3 所示：一组使用客户机 / 服务器（Client/Server）运行方式，主要用于目录查询、读写数据以及控制等服务；另外一组使用发布者 / 订阅者（Publisher/Subscriber）模式，用于 GOOSE 消息发送、采样值传输等服务。

在客户机 / 服务器模式中，提供数据或服务的一方为服务器，接受数据或服务的一方为客户。变电站网络通信是多服务器少客户形式。该模式采取事件驱动的方式，当定义的事件（数据值改变、数据品质变化等）触发时，服务器才通过报告服务向主站报告预先定义好要求报告的数据或数据集，并可通过日志服务向循环缓冲区中写入事件日志，以供客户随时访问，完成服务过程。其优点是服务的安全性、可靠性高，缺点是实时性不够。这种模式主要适用于对实时性要求不高的服务。

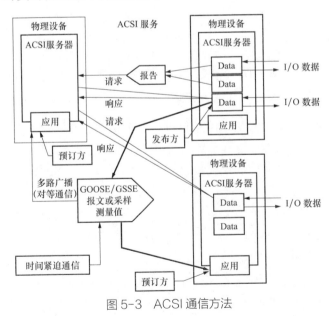

图 5-3　ACSI 通信方法

发布者 / 订阅者模式是一个或多个数据源（发布者）向多个接收者（订阅者）发送数据的最佳解决方案，特别适合于数据量大且实时性要求高的场合，如用于继电保护设备间快速可靠的数据传输，以及周期采样值传输服务。

（3）服务模型。IEC 61850-7-2 部分详细定义了 ACSI 模型，包括基本信息模型和信息交换服务模型。对于每种模型，IEC 61850 均以类的形式给出，定义了属于该模型的属性和服务。每类 ACSI 模型又由若干通信控制块（Control Block）组成。

通信控制块同样具有类的本意，即由属性和服务封装组成，其中属性代表控制块的基本信息和配置控制参数，以数据对象及其属性的形式驻留在引用该控制块的逻辑节点中；服务则代表控制块的具体通信规则，包括通信服务对象与方式（服务的发起、响应和过程）。依照实际功能和信息模型的属性对这些通信控制块分别引用，便构成了信息模型的通信服务。

ACSI 基本信息模型包括 SERVER（服务器）、LOGICAL DEVICE（LD 逻辑设备）、LOGICAL-NODE（LN 逻辑节点）、DATA（数据，有多个数据属性）四个类，这些类由属性和服务组成。在实际实现中，逻辑设备、逻辑节点、数据、数据属性每一个都有自己的对象名（实例名 Name），这些名称在其所属的对象类中具有唯一性。另外，这四者之中的每一个都有路径名（Object Reference），它是每个容器中所有对象名的串联，四个对象名（每一行）可串起来。由 Server 所表示的基本信息架构如图 5-4 所示。

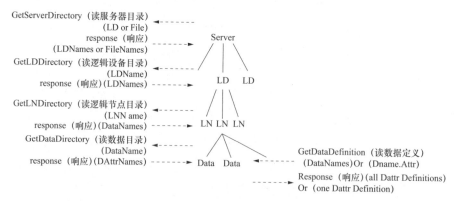

图 5-4 Server 信息模型

ACSI 信息交换服务模型，主要用于对数据、数据属性、数据集进行操作。具体包括下述 DATA–SET（数据集）、取代、控制、SETTING–GROUP–CONTROL–BLOCK（定值组控制块）、REPORT–CONTROL–BLOCK（报告控制块）和 LOG–CONTROL–BLOCK（日志控制块）等模型。ACSI 定义的信息服务模型和服务见表5–3。

表 5–3   ACSI 信息服务模型和服务

服务模型	描述	服务
服务器（Server）	提供设备的外部可视行为，包含所有其他 ACSI 模型	GetServerDirectory
应用关联（Applicaion association）	两个或多个设备如何连接，为设备提供各种视窗，对服务器的信息和功能的访问限制	Associate Abort Release
逻辑设备（Logical device）	代表变电站系统的特定功能，例如过电压保护	Get LogicalDeviceDirectory
数据（Data）	提供规定类型信息的手段，例如带品质信息和时标的开关位置	Get LogicalNode Director GetAllData Values
数据集（Data set）	将各种数据编成组	GetDataValues SetDataValues SetDataDefinition GetDataDirectory
取代（Substitution）	例如在无效测量值的场合，客户请求服务器以客户设置的值代替过程值	GetDataSetValue SetDataSetValue CreateDataSet DeleteDataSet GetDataSetDirector
定值组控制（Setting group control）	定义如何从一组定值切换到另一组，以及如何编辑定值组	SetDataValues
报告和日志（Reporting and logging）	描述基于客户设置的参数产生报告和日志的条件。报告由过程数据值改变（例如状态变位和死区）或由品质改变触发报告 日志为以后检索查询 报告立即发送或存储。报告提供状态变位和事件顺序信息交换	SelectActiveSG SelectEditSG SetSGValues ConfirmEditSGValues GetSGValues GetSGCBValues

续表

服务模型	描述	服务
通用变电站事件 [generic substation events（GSE）]	提供数据快速和可靠地系统范围传输 IEDD 二进制状态信息的对等交换 GOOSE 为面向通用对象变电站事件并支持由 DATA–SET 组织的公共数据广范围的交换 GSSE 为通用变电站状态事件并支持提供传输状态变化信息（码元偶）的能力	GOOSE CB： SendGOOSEMessage GetGoReference GetGOOSEElementNumber GetGoCBValues SetGoCBValues GSSE CB： SendGSSEMessage GetGsReference GetGSSEElementNumber GetGsCBValues SetGsCBValues
采样值传输 （Transmission of sampled values）	例如仪用变压器采样值快速循环传输	GOOSE CB： SendGOOSEMessage GetGGoReference GetGOOSEElementtNumber GetGocbvALUES SetGoCBValues GSSE CB： SendGSSEMessage GetGSSEElementNumber GetGsCBValues SetGsCBValues
控制 （control）	描述对设备或参数定值组控制的服务	Multicast SVC： SendMSVMessage GetMSVCBValues Unicast SVC： SendUSVMessage GetUSVMessage SetUSVCBValues
时间和时间同步 （Time and time synchronisation）	为设备和系统提供时间基准	Select SelectWithValue Cancel Operate CommandTermination TimeActivatedOperate
文件传输 （File transfer）	定义巨型数据块，例如程序的交换	GetFile SetFile DeleteFile GetFileAttributeValues

3. 特定通信服务映射

ACSI 规范的信息模型的功能服务独立于具体网络，功能的最终实现还需要经过特定通信服务映射（specific communication services mapping，SCSM）。SCSM 负责将抽象的功能服务映射到具体的通信网络及协议上，具体包括：

1）根据功能需要和实际情况选择通信网络的类型和 OSI 模型的层协议。

2）在应用层上（OSI 模型中的第 7 层），对功能服务进行映射，生成应用层协议数据单元（application protocol data unit，APDU），从而形成通信报文。

ACSI 对信息模型的约束是强制和唯一的，而 SCSM 方法却是多样和开放的。采用不同的 SCSM 方法，可以满足不同功能服务对通信过程、通信速率以及可靠性的不同要求，解决了变电站内通信复杂多样性与标准统一之间的矛盾。适时地改变 SCSM 方法，就能够应用最新的通信网络技术，而不需要改动 ACSI 模型，从而解决了标准的稳定性与未来通信网络技术发展之间的矛盾。

IEC 61850 并不要求每种 SCSM 方法都能够映射 ACSI 所有的抽象服务，但越简单的 SCSM 方法对 ACSI 模型的支持就越不完备，所实现的功能服务也就越简单。ACSI 向特定通信服务映射不同 SCSM 映射的过程如图 5-5 所示。

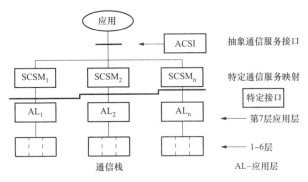

图 5-5　ACSI 映射到 SCSM

（1）抽象语法标识。IEC 61850 第 8 和第 9 部分规定了将抽象通信服务接口（ACSD）映射到具体的规约实现的方法。根据应用要求的差异，ACSI 相关部分分别映射到 MMS 协议报文、GOOSE 报文和 SV 报文。这些报文表示层都采用了抽象语法标识（ASN.1）的编码规则。

ASN.1 是一种标准的抽象语法定义描述语言，它提供了定义复杂数据类型以及确定这些数据类型值的方法。许多 OSI 应用层协议都采用 ASN.1 作为数据结构定义描述工具，特别是用来定义各种应用协议数据单元（APDU）的结构。作为一种高级抽象描述语言，ASN.1 具有以下特点：

1）与平台和编程语言无关。它以一种高度抽象的形式表示数据结构信息。当需要在计算机网络中传输数据结构信息时，ASN.1 提供相应的编解码规则，通过相应的位模式来传递数据结构信息。

2）ASN.1 使不同组织制定的标准协议都采用相同的规范表示形式，确保了互操作性。

3）ASN.1 提供了丰富的数据结构和灵活的扩展机制，因此可以描述非常复杂的协议内容。

4）利用 ASN.1 开发的某个产品的最新版本可以很好地兼容早期版本。

ASN.1 基本编码规则（Basic Encoding Rule，BER）是一种传输语法，可以把复杂的用抽象语法描述的数据结构表示成简单的数据流，从而便于在通信线路上传送。BER 采用八位位组作为基本传送单位。对于每个位组传送的值，其 BER 编码值都由值的类型标识符（Tag）、值的长度（Length）和值的内容（Value）3 个字段组成，如图 5-6 所示。

标识符字段由一个八位位组（Octet）构成，用来标识值的类型。其每一位定义如图 5-7 所示，位 7、位 6 的组合表示标记的类型，位 5 为 0 表示基本类型，为 1 表示构造类型；位 0~位 4 表示标记的值。

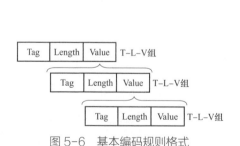

图 5-6　基本编码规则格式

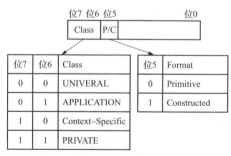

图 5-7　标识符字段的格式

（2）SV 通信服务映射。在 IEC 61850-7-2 中，定义了两种采样值控制块，即 MSVCB 和 USVCB。前者用于多播方式的采样值；后者用于单播方式。目前国内应用的主要是 MSVCB。MSVCB 定义 GetMSVCBValues、SetMSVCBValues、SendMSVMessage 三种服务。其中，GetMSVCBValues 和 SetMSVCBValues 主要用于对控制块进行查询和设置。由于采样值需要极高的实时性，SendMSVMessage 服务不使用复杂的 TCP/IP 协议簇，而直接映射到 IEC 802.3 链路层协议。物理层采用百兆的光纤以太网，其以太网报文帧格式见表 5-4。

表 5-4　　　　　　　　　　　SV 报文帧格式

字节序号	内容	比特位							
		Bit7	Bit6	Bit5	Bit4	Bit3	Bit2	Bit1	Bit0
字节 1	报文头	报文头							
字节 2									
字节 3									
字节 4									
字节 5									
字节 6									
字节 7									
字节 8	帧起始	帧起始							
字节 9	MAC 报头	目的地址							
字节 10									
字节 11									
字节 12									
字节 13									
字节 14									
字节 15		源地址							
字节 16									
字节 17									
字节 18									

字节序号	内容	比特位							
		Bit7	Bit6	Bit5	Bit4	Bit3	Bit2	Bit1	Bit0
字节 19	MAC 报头	源地址							
字节 20									
字节 21	优先级标记	TPID							
字节 22									
字节 23		TCI							
字节 24									
字节 25	以太网类型	Ethertype（以太网类型）							
字节 26									
字节 27		APPID（应用标识）							
字节 28									
字节 29		Length（长度）							
字节 30									
字节 31		Reserved1（保留）							
字节 32									
字节 33		Reserved2（保留）							
字节 34									
字节 35		APDU（应用协议数据单元）							
…									
…									
…	填充字节	必要的填充字节							
…									
…	帧校验序列	帧校验序列							
…									

采用多播方式通信时，目的地址（6 字节）应具有这样的结构：前 3 个字节由 IEC 分配为 01-0c-cd；第 4 个字节分配给采样值为 04；最后 2 个字节用作与设备有关的地址，其取值范围为 00-00 ~ 01-ff。

为了区分与保护应用相关的强实时高优先级的总线负载和低优先级的总线负载，采用了符合 IEEE 802.1Q 的优先级标记。应对用户优先级进行配置，以区分采样值和强实时的、保护相关的 GOOSE 信息，或低优先级的总线负载。如果不配置优先级，则应采用缺省值 4。高优先级帧应设置其优先级为 4～7，低优先级帧则为 1～3。优先级 1 为未标记的帧。应避免采用优先级 0，因为这会引起正常通信下不可预见的传输延时。VID 为虚拟局域网标识，支持虚拟局域网是一种可选的机制，如果采用了这种机制，那么配置时应设置 VID，VID 缺省值为 0。

以太网类型为以太网通信的规约类型，采样值报文为 88-ba；APPID 为变电站内 SV 报文的唯一标识，范围为 0×4000～0×7fff。

SV 报文的应用层数据单元（APDU）遵循如下的协议规范。

SavPdu: : = SEQUENCE{

noASDU[O]   IMPLICIT INTEGER（1..65535），

security   [1] ANY OPTIONAL，

asdu[2]   IMPLICIT SEQUENCE OF ASDU

}

ASDU: : = SEQUENCE{

svID[O]   IMPLICIT VisibleString，

datset[1]   IMPLICIT Visiblestring OPTIONAL，

smpCnt   [2] IMPLICIT OCTET STRING（SIZE（2）），

confRev   [3] IMPLICIT OCTET STRING（SIZE（4）），

refrTm   [4] IMPLICIT UtcTime OPTIONAL，

smpSynch[5]   IMPLICIT BOOLEAN DEFAULT FALSE，

smpRate   [6] IMPLICIT OCTET STRING（SIZE（2）），

sample   [7] IMPLICIT SEQUENCE OF Data

}

SV 报文数据采用 ASN.1 基本编码规则编码，其 APDU 帧格式见表 5-5。

表 5-5　　　　ASN.1 编码的 1 个 ASDU 的 APDU 帧结构

savPdu	60	L									
noASDU			80	L	1						
Sequence of ASDU			A2	L							
					30	L					
svID								80	L	值	
smpCnt								82	L	值	
confRev								83	L	值	
smpSynch								85	L	值	
Sequence of Data								87	L		
											值
											值
											值
											值
							ASDU1			数据集	值
											值
											值
											值
											值
ASN.1 标记	L=Length										

（3）MMS 报文映射。制造报文规范 MMS 是由国际标准化组织 ISO 工业自动化技术委员会 TC184 制定的一套用于开发和维护工业自动化系统的独立国际标准报文规范。MMS 是通过对真实设备及其功能进行建模的方法，实现网络环境下计算机应用程序或智能电子设备 IED 之间数据和监控信息的实时交换。国际标准化组织出台 MMS 的目的是规范工业领域具有通信能力的智能

传感器、智能电子设备 IED、智能控制设备的通信行为，使出自不同厂商的设备之间具有互操作性，使系统集成变得简单、方便。MMS 独立于应用程序与设备的开发者，所提供的服务非常通用，适用于多种设备、应用和工业部门。现在 MMS 已经广泛用于汽车、航空、化工等工业自动化领域。在国外，MMS 技术广泛用于工业过程控制、工业机器人等领域。

以前 MMS 在电力系统远动通信协议中并无应用，但近来情况多有变化。国际电工技术委员会第 57 技术委员会（IEC TC57）推出的 IEC 60870.6 TASE.2 系列标准定义了 EMS 和 SCADA 等电力控制中心之间的通信协议。该协议采用面向对象建模技术，其底层直接映射到 MMS 上。IEC 61850 标准是 IEC TC57 制定的关于变电站自动化系统计算机通信网络和系统的标准，它采用分层、面向对象建模等多种新技术，其底层也直接映射到 MMS 上，可见 MMS 在电力系统远动通信协议中的应用将越来越广泛。

制造报文规范 MMS 将实际设备外部可视行为抽象成虚拟制造设备（virtual manufacturing device，WMD）及其包含的对象子集，并通过定义与之对应的一系列操作（MMS 服务）实现对实际设备的控制。由于 MMS 和 IEC 61850 都采用抽象建模的方法，因此，只要将 IEC 61850 的信息模型正确地映射到 MMS 的 VMD 及其 MMS 服务，并进行必要的数据类型转换，就可以实现 ACSI 向 MMS 的映射，映射方法准确、简单。

对象和服务是 MMS 协议中两类最主要的概念。其中对象是静态的概念，以一定的数据结构关系间接体现了实际设备各个部分的状态、工况以及功能等方面的属性。属性代表了对象所对应的实际设备本身固有的某种可见或不可见的特性，它既可以是简单的数值，也可以是复杂的结构，甚至可以是其他对象。实际设备的物理参数映射到对象的相应属性上，对实际设备的监控就是通过对对象属性的读取和修改来完成的。对象类的实例称为对象，它是实际物理实体在计算机中的抽象表示，是 MMS 中可以操作的、具有完整含义的最小单元，所有的 MMS 服务都是基于对象完成的。

IEC 61850-8-1 将 ACSI 对象 / 服务映射到 MMS 对象 / 服务的关系见表 5-6。

表 5-6　　　ACSI 对象 / 服务映射到 MMS 对象 / 服务的关系表

IEC 61850 对象	ACSI 服务	MMS 服务	MMS 对象
Server	GetServerDirectory	GetNameList	VMD
LD	GetLogicalDeviceDirectory	GetNameList	Domain
LN	GetLogicalNodeDirectory	GetNameList	Named Variable
Data	GetDataValue SetDataValues	Read Write	Named Variable
DataSet	GetDataSetValues SetDataSetValues CreateDataSet DeleteDataSet GetDataSetDirectory	Read Write DeefinedNamedVaribleList DeleteNamedVaribleList GetNamedVaribleListAttributes	Named Variablel List
Association	Associate Abort Release	Initiate Abort Conclude	Application
SettingGroup Control	SelectEditSG SetSGValues ConfirmEditSGValues GetSGValues GetSGCBvalues	Write Write Write Read Read	Named Component
BRCB	Report GetBRCBValues SetBRCBValues	Information Report Read Write	Named Component
File	GetFile SetFile DeleteFile	FileGet ObtainFile FileDelete	File

5.2 基于 DL/T 645—2007 标准的数据传输

DL/T 645—2007《多功能电能表通信协议》本是为多功能电能表数据交换应用服务的，但经过多年的应用与积累，在电网中应用广泛，特别是在通信接口和协议等方面已经发展较为成熟。在线监测装置上传数据在结构与应用要求方面，与多功能电能表并无实质性差异，因此可以应用该规范进行数据上传，并通过成熟的安全数据通路，将数据向远方传输。

5.2.1 DL/T 645—2007 标准概述

一直以来，多功能电能表凭借其自身优势越来越广泛地应用于电力系统中，为此国家电力行业标准 DL/T 645—1997《多功能电能表通信规约》统一和规范了多功能电能表的费率装置与数据终端设备进行数据交换时的物理连接和通信协议。这是电能计量领域第一部关于数据通信技术标准，在多功能表和民用电能表领域得到了普遍应用，是国内应用最广泛的电能表通信规约。随着多功能表技术的迅猛发展，许多新增功能（如数据冻结、心重要事件记录、负荷曲线等）在 DL/T 645—1997 中都未定义，各地纷纷进行自定义扩展，造成通信规约版本众多，无序扩展，降低了电能表设备和集中器设备之间的互操作性，基于以上原因，对 DL/T 645—1997 进行了重新修订工作，标准名称改为了"多功能电能表通信协议"，国家发改委〔2007〕181 号公告批准 DL/T 645—2007《多功能电能表通信协议》发布实施。

该标准物理层采用了 IEC 1107 中光学接口部分，同时吸收了国内电力系统中普遍采用的 RS-485 标准串行电气接口和调制型红外光接口；链路层中的字节格式、帧格式参照了 IEC 1142 中的有关内容；树状结构的数据信息编码格式参考 IEC 1107 有关内容；数据域传输时采用余 3 编码原则；在数据分组、标识编码方面保证了传输数据的快捷方便，兼顾了信息的可扩展性。

5.2.2 数据链路层

DL/T 645 为主—从结构的半双工通信方式。

在实际应用中电能采集终端等终端设备为主站，在线监测装置为从站。

每个装置均有各自的地址编码。通信链路的建立与解除均由主站发出的信息帧来控制。每帧由帧起始符、从站地址域、控制码、数据域长度、数据域、帧信息纵向校验码及帧结束符 7 个域组成。每部分由若干字节组成。

1. 字节格式

每字节含 8 位二进制码，传输时加上一个起始位（0）、一个偶校验位和一个停止位（0），共 11 位。其传输序列如图 5-8 所示。D0 是字节的最低有效位，D7 是字节的最高有效位。先传低位，后传高位。

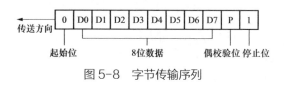

图 5-8　字节传输序列

2. 帧格式

帧是传送信息的基本单元。帧格式如图 5-9 所示。

说明	帧起始符	地址域	帧起始符	控制码	数据长度	数据域	校验码	结束符
代码	68H	A0—A5	68H	C	L	DATA	CS	16H

图 5-9　帧格式

（1）帧起始符 68H。标识一帧信息的开始，其值为 68H = 01101000B。

（2）地址域 A0 ~ A5。地址域由 6 个字节构成，每字节 2 位 BCD 码，地址长度可达 12 位十进制数。每块表具有唯一的通信地址，且与物理层信道无关。当使用的地址码长度不足 6 字节时，高位用"0"补足。

通信地址 999999999999H 为广播地址，只针对特殊命令有效，如广播校时和广播冻结等。广播命令不要求从站应答。

地址域支持缩位寻址，即从若干低位起，剩余高位补 AAH 作为通配符进行读表操作，从站应答帧的地址域返回实际通信地址。

地址域传输时低字节在前，高字节在后。

（3）控制码 C。控制码格式如图 5-10 所示。

（4）数据域长度 L。L 为数据域的字节数。读数据时 L≤200，写数据时 L≤50，L = 0 表示无数据域。

（5）数据域 DATA。数据域包括数据标识、密码、操作者代码、数据、帧序号等，其结构随控制码的功能而改变。传输时发送方按字节进行加 33H

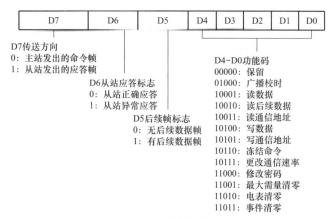

图 5-10 控制码格式

处理，接收方按字节进行减 33H 处理。

（6）校验码 CS。从第一个帧起始符开始到校验码之前的所有各字节的模 256 的和，即各字节二进制算术和，不计超过 256 的溢出值。

（7）结束符 16H。标识一帧信息的结束，其值为 16H = 000101110B。

5.2.3 数据标识

1.数据分类

除测量值以外，645 协议将计数值，最大需量发生时间，瞬时电压、电流、功率值等归为变量类，将日历、时间、用户设置值、费率装置的特征字、状态字、费率时段等归为参变量类。

2.数据标识结构及编码

DL/T 645 协议采用四级树状结构的标识法数据标识码不同数据项，用 2 个字节的 4 个字段分别标识数据的类型和属性，这 2 个字节为 DI_1、DI_0，四个字段分别为 DI_1H、DI_1L、DI_0H、DI_0L。

例如用 DI_1H 标识数据类型，其标识如图 5-11 所示。

对于在线监测装置可利用规约扩展协议，自行定义传输数据标识，通过采集终端上传后，再在数据分析后台通过同样的扩展协议对数据标识进行还原，实现在线监测数据的远传。

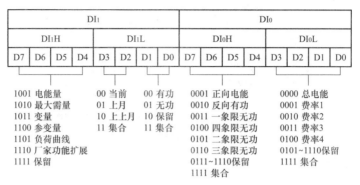

图 5-11　数据标识图

表 5-7 提供了一种在线监测数据标识码的定义方式。

表 5-7　　　在线监测数据标识码的定义方式

数据标识				数据格式	数据长度（字节）	单位	功能		数据项名称
DI3	DI2	DI1	DI0				读	写	
20	00	01	00	×××.××	3	V	*		二次电压有效值 A 相
20	00	02	00	×××.××	3	V	*		二次电压有效值 B 相
20	00	03	00	×××.××	3	V	*		二次电压有效值 C 相
20	01	01	00	×××.××	3	%	*		电压 A 相比差（有正负）
20	01	02	00	×××.××	3	%	*		电压 B 相比差（有正负）
20	01	03	00	×××.××	3	%	*		电压 C 相比差（有正负）
20	02	01	00	×××.××	3	′	*		电压 A 相角差（有正负）
20	02	02	00	×××.××	3	′	*		电压 B 相角差（有正负）
20	02	03	00	×××.××	3	′	*		电压 C 相角差（有正负）
20	03	01	00	××.××××	3	A	*		CT1 二次电流有效值 A 相

数据标识				数据格式	数据长度（字节）	单位	功能		数据项名称
DI3	DI2	DI1	DI0				读	写	
20	03	02	00	××.××××	3	A	*		CT1 二次电流有效值 B 相
20	03	03	00	××.××××	3	A	*		CT1 二次电流有效值 C 相
20	04	01	00	××.××××	3	A	*		CT2 二次电流有效值 A 相
20	04	02	00	××.××××	3	A	*		CT2 二次电流有效值 B 相
20	04	03	00	××.××××	3	A	*		CT2 二次电流有效值 C 相
20	05	01	00	×××.×××	3	%	*		电流 A 相比差（有正负）
20	05	02	00	×××.×××	3	%	*		电流 B 相比差（有正负）
20	05	03	00	×××.×××	3	%	*		电流 C 相比差（有正负）
20	06	01	00	×××.×××	3	′	*		电流 A 相角差（有正负）
20	06	02	00	×××.×××	3	′	*		电流 B 相角差（有正负）
20	06	03	00	×××.×××	3	′	*		电流 C 相角差（有正负）
20	07	01	00	×××.×××	3	%	*		C1 介损 A 相
20	07	02	00	×××.×××	3	%	*		C1 介损 B 相
20	07	03	00	×××.×××	3	%	*		C1 介损 C 相
20	08	01	00	×××.×××	3	%	*		C2 介损 A 相
20	08	02	00	×××.×××	3	%	*		C2 介损 B 相
20	08	03	00	×××.×××	3	%	*		C2 介损 C 相
20	09	01	00	×××××.×	3	pF	*		C1 电容量 A 相
20	09	02	00	×××××.×	3	pF	*		C1 电容量 B 相
20	09	03	00	×××××.×	3	pF	*		C1 电容量 C 相
20	0a	01	00	×××××.×	3	pF	*		C2 电容量 A 相

数据标识				数据格式	数据长度（字节）	单位	功能		数据项名称
DI3	DI2	DI1	DI0				读	写	
20	0a	02	00	×××××.×	3	pF	*		C2 电容量 B 相
20	0a	03	00	×××××.×	3	pF	*		C2 电容量 C 相
20	0b	01	00	×××.×××	3	%	*		二次压降 A 相（有正负）
20	0b	02	00	×××.×××	3	%	*		二次压降 B 相（有正负）
20	0b	03	00	×××.×××	3	%	*		二次压降 C 相（有正负）
20	0c	01	00	××××××××××	5	年月日时分	*		采样时刻
20	0c	02	00	×××.×××	3	℃	*		温度（有正负）
20	0c	03	00	×××.×××	3	RH%	*		湿度
20	0d	01	00		4		*		预留 1
20	0d	02	00		4		*		预留 2
20	0d	03	00		4		*		预留 3
20	0e	01	00		4		*		预留 1
20	0e	02	00		4		*		预留 2
20	0e	03	00		4		*		预留 3
20	FF	FF	00		143		*		监测数据块

第 6 章

计量性能评估技术

通过对电力互感器开展计量性能在线监测，实时获取互感器运行时的误差参量，但仍需要对监测系统提供的各类信息进行处理与分析，即性能评估，才能掌握互感器的运行状态，支撑互感器下一步的运维策略的制定。性能评估的结果主要依赖于评估方法，由于评估算法与指标的设置不同，对同一互感器应用不同评估方法可能会得到多样性的结果。

目前对于互感器计量性能的评估主要使用的方法有数据比对法、数据统计法、多参量综合评估法。

6.1 数据比对法

6.1.1 与标准互感器二次数据比对

差值法是电压互感器最常见的试验方法，其特点以相对较高准确度等级的标准互感器为参考，试验线路如图 6-1 所示。调压、励磁变压器、高压电抗器等构成升压电源系统，标准电压互感器和被试电压互感器一次并联，二次绕组接规定的二次负荷，被检二次绕组（二次输出）的低压端对接，二次绕组高压端接入互感器校验仪。当标准电压互感器的准确度等级高于被检电压互感器，并且其实际误差值不大于被检互感器误差限值的1/5（假设被检电容式电压互感器准确级为 0.2 级，标准电压互感器的准确级满足 0.05 级）的

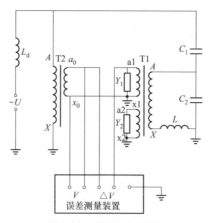

图 6-1　差值法原理图

同时，其实际误差（检定证书上的数据为依据）不得大于 0.04%，否则要进行误差修正。

采用与被检电压互感器变比相同、电压等级相同的标准电压互感器直接对电压互感器进行检测是最简单的试验方式。如果没有这么高电压等级的标准电压互感器，也可采用低电压等级的标准测量高量程被检电容式电压互感器电压系数，在低量程溯源到标准电压互感器上，即所谓的电压系数测量法。

电压系数测量法又可分多种类型，这里仅介绍两种常见的方法。

1. 测量方法一

试验线路如图 6-2 所示。首先，由溯源用标准电压互感器配置多盘感应式分压器，组合成变比与被检电容式电压互感器（CVT）变比相同的组合式标准电压互感器（PTN），输出端接低压标准电容器 C_N'；然后将高压标准电容器 C_N 和组合标准电压互感器并联，C_N' 和 C_N 的低压端接入高压电桥 QS，确定对应电压下电桥 QS 平衡点。该平衡点对应的数值（$X_0 + jD_0$）经过换算，就是基础点误差（$\varepsilon_0|60\% = f_0 + j\delta_0$），也是电桥 QS 对应的组合标准电压互感器原始误差。如果不进行误差修正，$\varepsilon_0|60\% = f_0 + j\delta_0$ 通常以鉴定证书对应数据参考值。试验电压从额定电压的 60% 开始测量，分别检测额定电压 60%、80%、100% 和 105% 各点的示值（$\varepsilon|CVT60\%$、$\varepsilon|CVT80\%$、$\varepsilon|CVT100\%$、$\varepsilon|CVT105\%$）。

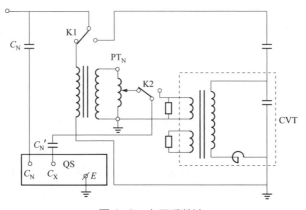

图 6-2　电压系数法

2. 测试方法二

测量方法二和测量方法一类似，不过是先用组合标准电压互感器在最高工作电压下测量电容式电压互感器 $60\%U_n$ 下的误差 $\varepsilon|CVT60\%$，然后，将高压标准电容器 C_N 和被测电容式电压互感器并联接入试验回路，C_N' 接在被检电容式电压互感器输出端，C_N 和 C_N' 低压端接入电桥 QS，测量电容式电压互感器 $60\% \sim 105\%U_n$ 范围内的电压系数，即电桥 QS 电容比值变化量（ΔX）和相对介损变化量（ΔD），折算成相对值，即被检电压互感器的误差。举例说明，设 $60\%U_n$ 下差值法测量获得的误差为

$$\varepsilon|CVT60\% = f60\% + j\delta60\% \qquad (6-1)$$

然后将试验线路接成电压系数测量回路，开始测量 60% 额定电压下用高压标准电容器 C_N 测量通过 CVT 转换的低压标准电容器 C_N' 的相对电容量及介质损耗量。电桥倍率（$X = k \times C_N/C_N'$）和相对介损值（$D = \tan\delta_N' - \tan\delta_N$），其中 k 为 CVT 额定变比。此时对应电桥 QS 测量的电容比值量为 $X60\%$，相对介损量 $D60\%$。将施加电压提高到 $80\%U_n$，可获得 $X80\%$ 和 $D80\%$。有误差变化量 $\Delta\varepsilon80\%$ 为

$$\Delta\varepsilon80\% = (X80\% - X60\%)/X80\% + j(D60\% - D80\%)/$$
$$D80\% = \Delta f80\% + j\Delta\delta80\% \qquad (6-2)$$

此时可以获得 $80\%U_n$ 电容式电压互感器的误差

$$\varepsilon|CVT80\% = \varepsilon|CVT60\% + \Delta\varepsilon80\% = f60\% + \Delta f80\% + j\delta60\% +$$
$$j\Delta\delta80\% = f80\% + j\delta80\% \qquad (6-3)$$

为了防止试验接线错误、检测设备存在缺陷，可以先在较低的电压下进行测量，推荐测量电压按 5%、10%、20% 及 50% 额定工作电压递增。

根据现场实际情况，本项目误差监测系统的误差测量是以差值法为基础，将调压、励磁变压器、高压电抗器等构成的升压电源系统去掉，改用系统电压；将母线 TV 作为标准电压互感器，研究对象电容式电压互感器作为被试，二次负荷即运行实际负荷，标准与被试二次输出的低压端接地，二次输出高

压端接入数据采集装置。

6.1.2 与同级互感器二次数据比对

使用标准互感器的检测方式，其优势在于标准互感器可以通过科学的检测规范向国家高电压基准进行溯源，保证了在线监测结果数据在量值上的统一，除监测设备运行健康状况以外，能够准确地反映出设备计量准确度的实际情况。但是，标准电压互感器作为精密仪器设备，随着电压等级的提高，电磁式标准电压互感器的制造难度较大，检测的成本相对也比较高。另一方面，现场的实际运行条件复杂多变，很难保证标准电压互感器长时间运行在高准确度范围之内。稳定的标准电压互感器制造技术，是限制采用标准互感器检测方式的一大瓶颈。

针对使用标准互感器检测方式的弊端，面向运行状态监测这一在线监测的核心需求，同级比对检测方式得到了进一步发展。电压互感器进行误差同级比对获得的数据，在一定程度上可以反映电压互感器误差特性的状态。在试验中一般偏向于使用误差特性较为稳定但准确度与 CVT 相同的电磁式电压互感器作为标准，因此在变电站内进行同级比对时，常常以电磁式电压互感器作为临时标准量，对 CVT 误差特性进行检测。

则测得误差为

$$f = \frac{u_{\mathrm{CVT}} - u_{\mathrm{TV}}}{u_{\mathrm{TV}}} \qquad (6-4)$$

其中，u_{CVT}、u_{TV} 分别为 CVT 与用作标准的电磁式 TV 二次电压值。

对于母线配置单相 TV 的情况，以母线 A 相 TV 作为参考标准，使用两台电压互感器在线校验仪分别对变压器侧 A 相 CVT 和高抗侧 A 相 CVT 进行校验。利用第三台电压互感器在线校验仪，对变压器侧三相 CVT 和高抗侧三相 CVT 进行误差同级比对。使用电压互感器二次参数测试仪对参与试验的所有 TV 和 CVT 的二次负荷等参数进行测量。母线配置单相 TV 时高抗侧 CVT 误差在线测试原理如图 6-3 所示。

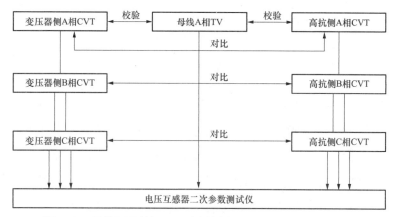

图 6-3　母线配置单相 TV 时高抗侧 CVT 误差在线测试原理

对于母线配置三相 TV 的情况，以三相母线 TV 作为参考标准，使用三相电压互感器现场在线校验仪，对母线三相 TV 和高抗侧三相 CVT 同时进行校验。使用电压互感器二次参数测试仪对参与试验的所有 TV 和 CVT 的二次负荷等参数进行测量。母线配置三相 TV 时高抗侧 CVT 误差在线测试原理如图 6-4 所示。

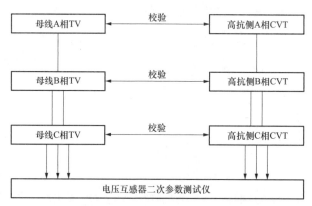

图 6-4　母线配置三相 TV 时高抗侧 CVT 误差在线测试原理

6.2 数据统计法

统计分析方式的误差监测方法，基于统计分析原理，在大量实测数据中寻找电压互感器误差规律及可能存在的异常值。该技术基于建立全站同步监测系统，实现同时对多路信号进行处理的能力，实现在不加入标准器的前提下，短时间内完成全站互感器误差校准的工作。数据统计法可在不需要标准互感器的前提下，实现多台同一准确度等级的互感器之间进行数据对比，完成互感器误差检测。电压互感器数据统计法充分发挥计量算法的优势，从根本上改变当前互感器的校准方式，促进计量检测工作从传统方式向优化决策方向转变。数据统计法整体结构如图6-5所示。

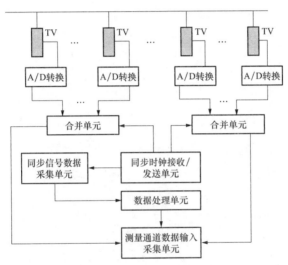

图6-5　数据统计法整体结构

数据统计法是将多台电压互感器的二次输出，在电压互感器二次输出端就地进行模数转化，数字量进入合并单元，合并单元接受时钟同步信号后将数据打包后传输给数据处理单位进行数据分析。考虑到变电站内电压互感器数量多、间隔远，采用全站同步监测系统将每台被测设备的信号通过电压传感器就地进行模数转化，通过光纤传输免除模拟信号远距离传输受到的干扰，再通过多台数据处理单元实现联网。

在进行误差测量之前，要对每台电压互感器的实际负荷情况进行测量，将实际负荷值作为修正依据，对测量得到的误差首先进行负荷修正，保证被检电压互感器得到的误差数据是在相同二次负荷下测量得到的数据。参与数据分析误差比对的数据是根据实测二次负荷，将初次测量得到的误差进行修正得到相同负荷下的误差值。修正方法采用插值法进行，拟定误差值与二次负荷成正相关线性关系，通过电压互感器交接试验得到的满载或轻载误差，绘制误差范围曲线，再根据实际负荷对测量误差进行修正。例如 PT1 交接试验满载负荷 Q_1 时（根据功率因数计算阻性负荷及感性负荷）比值差为 X_1，相位差为 A_1；实际负荷为 Q_2 时（根据功率因数计算阻性负荷及感性负荷）比值差为 X_2，相位差为 A_2；系统以负荷为时 Q_3 的误差作为比较误差，那么 $kX_1 + b = Q_1 \times \cos\varphi$，$kA_1 + b = Q_1 \times \sin\varphi$，$kX_2 + b = Q_2 \times \cos\varphi$，$kA_2 + b = Q_2 \times \sin\varphi$。代入 $kX_3 + b = Q_3 \times \cos\varphi$，$kA_3 + b = Q \times \sin\varphi$ 计算得到 Q 时被检电压互感器的误差值。由于数据统计法中没有标准器，所以被检电压互感器的外部运行环境要尽可能一致，所以二次负荷需要在统一标准下进行比对。首先对采集的异常值进行判断。异常值（abnormal value）又称离群值（outliter），指在对一个被测量重复观察结果中，出现了与其他值偏离较远且不符合统计规律的个别值，它们可能属于不同的总体，或属于意外的、偶然的测量错误，也称为"粗大误差"。如果作为计量设备的电压互感器运行数据分析的样本数据中混有异常值，必然会影响分析结果。所以剔除测量异常值，保留客观反映误差特性的偏离较远但不属于异常值的数据，对正确分析获得电压互感器误差特性有十分重要的意义。常用的异常数据的筛选方法有拉依达准则、狄克逊准则和格拉布斯准则。

格拉布斯准则是在一组重复观测结果 x_i 中，其残差 v_i 的绝对值最大为可疑值，在给定的置信概率为 $p = 0.99$ 或 $p = 0.95$，也就是显著性水平为 0.01 或 0.05 时，如果满足 $\dfrac{\left|x_d - \overline{x}\right|}{s(x)} \geq G(a, n)$，可以判断 x_d 为异常值。式中 x_i 为第 i 次测量的测试值，残差 $v_i = x_i - \overline{x}$，$\overline{x}$ 为 n 次测量结果的算数平均值，$s(x)$ 为测量值 x 的实验室标准差，$s(x) = \sqrt{\dfrac{\sum\limits_{i=1}^{n}(x_d - \overline{x})^2}{n-1}}$，$G(a, n)$ 为显著性水平 a 和重复观测次数 n 有关的格拉布斯临界值。

数据统计法系统流程如图 6-6 所示，由于现场数据量大，一般采用格拉布斯准则对数据进行筛选，剔除异常值。当某台或多台电压互感器出现超过允许次数的异常值后，则认为该台电压互感器误差可能出现异常，应进行进一步的误差检测。

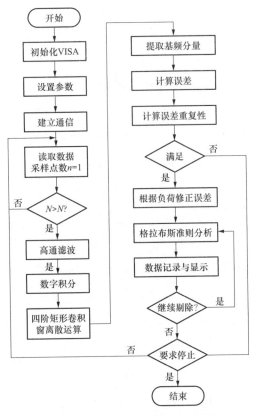

图 6-6 数据统计法系统流程图

6.3 基于多源数据融合分析 CVT 误差特性评估方法

在分析影响 CVT 的环境参量和绝缘参量以及在线监测系统常用的特征量的情况基础上，可以应用关联规则分析数据挖掘算法来计算特征量与 CVT 误差特性的可信，分别利用现行的国家、行业、厂家标准和 ChiMerge 算法来离散化连续的特征量数据，量化特定的特征量与误差之间的相关程度。如果相关程度低，可以考虑在后续的误差诊断中放弃此项特征量数据，降低误差诊断分析的复杂度。

6.3.1 CVT 多源数据融合指标体系

随着超特高压输变电技术的迅速发展，电网容量及其覆盖面进一步扩大，电网关键计量设备的计量准确度对电网的运营有着举足轻重的意义。当前 CVT 的准确度校验一般采用定期检验的方式，因此，如果能够利用设备的信息，包括在线监测、离线检测、运行记录、环境条件、厂家产品性能等进行综合分析，实现设备的状态检验，将对提高设备运行维护技术和管理水平，并有效地提前诊断出其潜在超差与故障、预测互感器的当前以及将来可能的运行状态具有重要意义。

目前，电力互感器种类繁多，设备监测与试验数据具有多源、海量、高度异构的特征。设备状态信息可能是实时信息，也可能是非实时信息；可能是快变的，也可能是缓变的；可能是模糊的，也可能是确定的；可能是相互支持或互补，也可能是互相矛盾或竞争。因此实现有效的多源数据集成，需要根据数据平台中实际的数据分布特点，针对不同类型数据分析研究，采用相应的数据提取、筛选及合并的方法，合理将多个信息源在空间或时间上的冗余或互补信息依据某种准则进行融合，以获得被测对象的一致性的描述或解释，使该系统由此获得比其他各组成部分的子集所构成的系统更优越的性能，达到充分利用多源信息资源的目的。

6.3.2 影响 CVT 误差特性特征量提取

不同温度等条件下，通过影响 CVT 分压电容器等效电容参数与中间电磁单元的元件参数影响计量的误差特性。在不同污秽程度、环境湿度等条件下，通过影响 CVT 外绝缘中的等效绝缘电阻参数影响计量的误差特性。在不同电场干扰等条件下，通过影响 CVT 分压电容器中等效杂散电容参数影响计量的误差特性。在不同二次负载条件下，通过影响 CVT 二次压降等电气参数影响计量的误差特性。将影响误差特性的环境因素作为评估参数进行研究，选取的影响指标如图 6-7 所示。

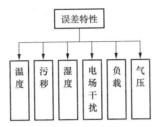

图 6-7　影响 CVT 误差特性的环境参量评估指标

CVT 运行过程中的绝缘状态劣化会引起变比改变，产生计量误差。拟结合老化（内绝缘）、环境因素（外绝缘）等使绝缘状态产生的劣化对误差性能引起的影响进行研究。选取影响 CVT 误差性能的绝缘参量如图 6-8 所示。

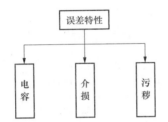

图 6-8　影响 CVT 误差特性的绝缘参量评估指标

6.3.3 各相关特征量的关联度计算方法

随着在线监测技术的进一步发展，可监测的特征量会越来越多，同时数据的准确性也会越来越高；但实际上，CVT 误差特性可能只跟其中几个特征量有直接关系，而跟另外几个特征量的关系并不是很显著。为了降低因特征量维数的上升增加计算复杂度，可以利用关联规则数据挖掘的分析方法来求得误差特性与各个特征量之间的相关度，判定相关度低于指定阈值的特征量在计算中不予考虑。

得出的相关度高的，说明与该特征量的关系相当紧密，反之如果相关度很低甚至接近于 0，则说明该特征量与误差特性基本上无关，显然它可以提高误差诊断的判定速度及准确率。

1. 特征量数据的离散化

关联规则数据挖掘算法都是针对离散的数据，而通过在线监测得到的数据，则均是连续定量的数据。所以必须对各个特征量数据进行数据预处理，即在进行关联规则挖掘之前将所有数据离散化。关联规则分析算法都是针对离散的数据，而收集得来的特征量 $x_1 \sim x_m$ 的数据均是连续的数值。因此，必须对各个特征量数据进行数据预处理，也就是在进行关联规则挖掘之前将所有数据离散化，离散化可分为布尔离散化和多值离散化，布尔离散化是将所有连续值映射为 0 或 1 的布尔值，而多值离散化则是将连续值映射为大于两个的值。对 $x_1 \sim x_m$ 两种离散化方法分别如下：

（1）布尔离散化。布尔离散化是指将连续数值映射为布尔值，设相关特征量 $x_1 \sim x_m$，均有对应的正常值范围。

特征量 i_{jk} 的布尔离散化映射值 $i_{jk}*$ 按上表提供的标准进行映射，即

$$i_{jk}* = \begin{cases} 0, i_{jk}\text{在标准区间内} \\ 1, i_{jk}\text{在超过警戒标准} \end{cases} \quad （6-5）$$

通过布尔离散化预处理后可以将含有连续数值的事务数据库 T 转换成布尔型的事务数据库 $T*$，$T*$ 的数据项集的布尔离散化形式如下

$$I* = [i_1*, i_2*, \cdots, i_m*] \quad （6-6）$$

根据判定公式，$i_1* \sim i_m*$ 对应了 $x_1 \sim x_m$ 经布尔离散化之后的值，即如果 $x_1 \sim x_m$ 超过正常范围值，则 $i_1* \sim i_m*$ 为 1，反之为 0。

（2）多值离散化。离散化方法分为监督和非监督离散化。典型的监督离散化算法有：C4.5、Entropy Minimization、ChiMerge 等，典型的非监督离散化算法有等宽等频率方法。因为非监督的离散化方法在设定分割区间的时候没有利用实例的类标信息，这就有可能造成分类信息的丢失，因而非监督离散化方法的精确度要低于监督离散化算法，但它的执行时间小于监督离散化，一般来说，数据挖掘的过程中这点时间的损失不敏感，因此采用了监督离散化算法 ChiMerge 算法对数据进行离散化，算法描述如图 6-9 所示。

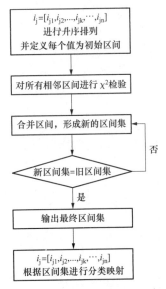

图 6-9　ChiMerge 离散化过程

ChiMerge 是一种基于 χ^2 的离散化方法。采用自底向上的策略，递归地找出最佳临近区间，然后合并它们，形成较大的区间。ChiMerge 过程如下：

1）初始，将数值属性 $i_{jk}(k=1,2,\cdots,m)$ 每个不同值看作一个区间。

2）对每个相邻区间进行 χ^2 检验。

3）具有最小 χ^2 值的相邻区间合并在一起，因为低 χ^2 值表明它们具有相似的分布。

4）该合并过程递归地进行，直到满足预先定义的终止标准。

终止判定标准通常由以下两个条件决定：首先，当所有相邻区间对的 χ^2 值都低于由指定的显著水平计算得到的某个阈值时合并停止。χ^2 检验的显著水平值太高（或非常高）可能导致过分离散化，而太低（或非常低）点值可能导致离散化不足。通常，显著水平设在 0.10～0.01。其次，区间数可能少于预先指定的最大间隔。

在利用 ChiMerge 算法得到支持度和可信度大于阈值的关联规则后，对可以合并的关联规则进行合并，便可以得到连续型的关联规则。例如，假设同时发现了两条符合条件的关联规则 $x_1->y_1$，ChiMerge$(x_1)=1$ 和 $x_1->$

y_1，ChiMerge $(x_1)=2$，则可以将两者合并，发现的多值关联规则为：$x_1->y_1$，ChiMerge $(x_1)\in[1,2]$，可信度为两者的较小值。ChiMerge (x_1) 表示 x_1 经 ChiMerge 算法离散化后得到的映射值。

2. Apriori 算法

Apriori 算法是一种最有影响的挖掘布尔关联规则频繁项集的算法，它采用了两阶段挖掘的思想，并且基于多次扫描事务数据库来执行算法。Aprior 算法中有两个定义：

（1）k 阶频繁项集 L_k：支持度大于最小支持度阈值的项组成的集合，L_k 中每个元素都是由 k 个项组成，例如 2 阶频繁项集的形式则是 $L_2=[(i_1,i_2)$，(i_1,i_3)，(i_2,i_4)，$\cdots]$。

（2）k 阶候选项集 C_k：由 L_{k-1} 与 L_1 通过合并方式生成，例如 3 阶频繁项集的形式则是 $L_3=[(i_1,i_2,i_3)$，$(i_1,i_3,i_4)]$，1 阶频繁项集的形式为 $L_1=[i_1,i_2,i_3,i_4,i_5]$，则 4 阶候选项集 $C_4=[(i_1,i_2,i_3,i_4)$，(i_1,i_2,i_3,i_5)，$(i_1,i_3,i_4,i_5)]$。C_k 中支持度大于最小支持度阈值的便是 L_k。

Apriori 使用一种称作逐层搜索的迭代方法，k 阶候选项集用来寻找 $(k+1)$ 阶候选项集。首先，找出 1 阶频繁项集的集合。该集合记作 L_1。利用 L_1 来寻找 2 阶频繁项集的集合 L_2，而 L_2 用于找 L_3，如此下去，直到不能找到 k 阶频繁项集。这个过程中，寻找每个 L_k 需要扫描一次数据库，为了提高频繁项目集逐层产生的效率，Apriori 算法利用了两个重要的性质用于压缩搜索空间：①若 x 是频繁项集，则 x 的所有子集都是频繁项集；②若 x 是非频繁项集，则 x 的所有超集都是非频繁项集。

Apriori 算法过程如下（见图 6-10）：

（1）经过算法的第一次迭代，对事务数据库进行一次扫描，计算出 T 中所包含的每个项目出现的次数，生成 1 阶候选项集的集合 C_1。令 $p=1$，$q=p+1$。

（2）根据设定的最小支持度，从 C_p 中确定 p 阶频繁项集 L_p。

（3）由 L_p 产生候选 q 阶候选项集 C_q，然后扫描事务数据库对 C_q 中的项集进行计数。

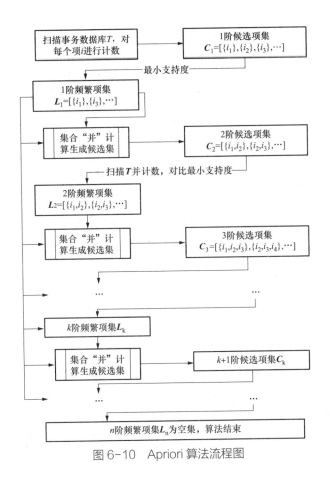

图 6-10　Apriori 算法流程图

（4）根据最小支持度，从候选集 C_q 中确定频繁集 L_q。

（5）令 $p = p + 1$，$q = q + 1$，循环（2）~（4）步，直到频繁 $p = n$ 或者 L_q 为空时结束算法。

6.3.4　基于 D—S 证据理论的相关特征量数据融合方法

D—S 理论的基本策略是把证据集合划分为若干不相关的部分（独立的证据），并分别利用它们对识别框独立进行判断，每一证据下对识别框中每个假设都存在一组判断信息（概率分布），称为该证据的信任函数，其相应的概率分布为该信任函数所对应的基本概率分配函数，根据不同证据下对某一假设的判断，按照某一规则进行组合（或称为信息融合），即对该假设进行各信任函数的综合，可形成综合证据（信任函数）下对该假设的总的信任程度，进而分别求出所有假设在综合证据下的信任程度。

对于具有主观不确定性判断的多属性诊断问题，DemPster-Shaef（简称 D—S）证据组合理论是一个融合主观不确定性信息的有效手段，在设备故障诊断问题中，若干可能的故障产生一些症状，每个症状下各故障都可能有一定的发生概率，融合各故障信息以求得各故障发生的概率，发生概率最大的为主要故障。

1. 识别框架

设 Θ 为某个事件可能结果的有限集，而且假设这些结果中有且只有一个是正确的，则为 Θ 这个事件的识别框架。Θ 的所有子集所构成的集合就是 Θ 的幂集，记为 2^Θ。

2. 基本信度分配

设 Θ 为识别框架。如果集函数 m 满足映射：$2^\Theta \rightarrow [0.1]$，且满足：

（1）$m(\Phi)=0$（Φ 为空集）；

（2）对 $\forall A \subset 2^\Theta$，$m(A) \geq 0$，并且有

$$\sum_{A \subset \Theta} m(A) = 1 \tag{6-7}$$

则称 m 为识别框架 Θ 上的基本信度分配。基本信度分配函数一般由主观经验给出，是一种可信度。对于满足 $m(A)>0$ 的所有集合 A，称为 m 的焦点元，简称焦元。

3. 信度函数

信度函数的定义：对于任意 $A \subseteq \Theta$，有

$$Bel(A) = \sum_{B \subseteq A} m(B) \tag{6-8}$$

其中：$Bel(A)$ 表示对 A 的信任度，它表示对 A 信任的最低限度，也称为下限函数。

4. 似真度函数

设 Bel 是识别框架 Θ 上的一个信度函数。定义函数 Dou 和 pl

$$\forall A \in \Theta, Dou(A) = Bel(\overline{A})$$

则

$$\overline{A}pl(A) = 1 - Bel(\overline{A})$$

称 Dou 为 Bel 的怀疑度函数，pl 为 Bel 的似真度函数。$\forall A \in \Theta$，$Dou(A)$ 称为 A 的怀疑度，表示对 A 怀疑的程度；$pl(A)$ 称为 A 的似真度，表示对 A 不怀疑的程度，也是对 A 信任的最高限度，所以也称为上限函数。

5. 信任区间

$[Bel(A), pl(A)]$ 称为 A 的一个信任区间，它表示对 A 信任的上、下限，如 $[0, 0]$ 表示 A 为假，$[1,1]$ 表示 A 为真，而 $[0,1]$ 表示对 A 一无所知。可见，信任区间越大，对 A 的不确定程度越大，信任区间越小，对 A 的确定程度越大；$Bel(A)$ 越大，表示 A 为真的可能越大，$pl(A)$ 越小，表示 A 为假的可能越大。

6. Dempster 合成法则

设 Bel_1 和 Bel_2 是同一识别框架 Θ 上的 2 个信度函数，m_1 和 m_2 分别是其对应的基本信度分配，其焦元分别为 $A_1, A_2, \cdots, A_k$ 和 $B_1, B_2, \cdots, B_k$。

对于给定的焦元 $A \subseteq \Theta$，如果有 $A_i \cap B_j = A$，那么 $m_1(A_i) m_2(B_j)$ 就是确切地分配到 A 上的一部分基本信度值，所以确切地分配到 A 上的总的基本信度值为

$$m(A) = \sum_{A_i \cap B_j = A} m_1(A_i) m_2(B_j) \tag{6-9}$$

但是当 A 为空集时，按照上述方法，仍然会有一部分信度值分配到 A 上，这与事实是矛盾的，因此，必须丢弃这一部分信度值。但是丢弃这一部分信度值后，总的信度值就会小于 1，可以在每一个基本信度值的基础上乘以一个系数 K 来满足总的基本信度值为 1 的要求，该方法称为归一化。K 的计算公式为

$$K = \frac{1}{1 - \sum_{A_i \cap B_j = A} m_1(A_i) m_2(B_j)} \tag{6-10}$$

D—S 证据理论中，用 K_1 来衡量证据冲突与否

$$K_1 = \sum_{A_i \cap B_j = \Phi} m_1(A_i) m_2(B_j) \tag{6-11}$$

如果有

$$K_1 = \sum_{A_i \cap B_j = \Phi} m_1(A_i) m_2(B_j) < \sum_{A_i \cap B_j = \Phi} m_1(A_i) m_2(B_j) \leq 1 \tag{6-12}$$

则表明 m_1 和 m_2 不冲突，A 的基本信度分配为

$$m(A) = \begin{cases} 0, A = \varPhi \\ \sum_{A_i \cap B_i = A} m_1(A_i) m_2(B_j)/1 - K_1, A \neq \varPhi \end{cases} \quad (6\text{-}13)$$

基本信度分配 m 称为 m_1 和 m_2 的直和，记为 $m_1 \oplus m_2$。对应的信度函数 Bel 也称 Bel_1 和 Bel_2 的直和，记为 $Bel_1 \oplus Bel_2$。

如果式（6-13）不成立，则直和 $m_1 \oplus m_2$ 不存在，表明 m_1 和 m_2 是完全冲突的，Dempster 合成失效。

应用 D—S 证据理论解决实际问题的关键在于建立一个好的数学模型，以便对问题进行定量的分析计算。其大致过程如下（见图 6-11）。

（1）建立所研究问题的识别框架。分析实际问题及可能出现的结果，建立一个满足证理论要求的识别框架 $\varTheta$。

（2）建立基本的信度分配。根据以往各方面的经验和数据，在幂集 $2^{\varTheta}$ 上建立与不同证据（k 个证据）相对应的基本信度分配 $m_1, m_2, \cdots, m_k$。

（3）计算所要研究的子集的信度分配 m、信度函数 Bel 和似真函数 pl。不同的问题所关心的子集 A 是不同的，要根据不同的实际问题确定相应的子集 A，然后在已经建立好的识别框架的基本信度分配中找到 A 相关的焦元（$A_i \cap B_j = A$），利用 D—S 合成法则建立基本信度分配。

（4）根据计算结果给出结论。

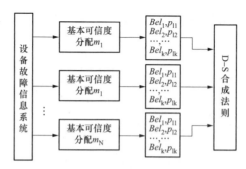

图 6-11　D—S 证据推理信息融合的一般过程

第 7 章

绝缘性能在线监测及评估技术

电力互感器在线
监测与评估技术

7.1 绝缘性能介绍

7.1.1 分布性缺陷特征量

1.泄漏电流与吸收比

在电介质上加上直流电压，初始瞬间由于极化效应的存在，流过介质的电流较大且随时间变化。经过一定时间后，极化过程结束，流过介质的电流趋于一个稳定值，这一稳定电流被称为泄漏电流，与之相对应的电阻被称为电介质的绝缘电阻，加压 60s 时的绝缘电阻与加压 15s 时的绝缘电阻的比值为吸收比。

当互感器的绝缘状况良好时，泄漏电流小，吸收比较大。当互感器受潮严重或有集中性的导电通道时，介质电导增大导致泄漏电流增加，吸收过程不明显导致吸收比接近于 1，因此泄漏电流和吸收比可以有效地反映互感器的绝缘状况。

2.介质损耗角正切值

对于电容型设备，当其绝缘完好时，常被视为纯容性介质。电容式电压互感器和正立式电流互感器就属于容性设备。此时如果在设备两端加上电压，则流过设备的电流近似为纯容性电流，设备的介质损耗为零。当设备的绝缘劣化时，设备就会变成有损介质，此时流过设备的总电流中阻性电流的比例会大大增加，设备的介质损耗就会增加。因此，对于同一台电容型设备，其介质损耗的大小可以反映其绝缘的优劣。

如图 7-1 所示电路中，在介质两端施加交流电压 $\dot{U}$，由于介质中有损耗，电流 $\dot{i}$ 不是纯电容电流，可分为两个分量

$$\dot{i} = \dot{i}_r + \dot{i}_c \qquad (7-1)$$

式中　$\dot{i}_r$——有功电流分量；

　　　$\dot{i}_c$——无功电流分量。

电源提供的视在功率为

$$S = P + jQ = UI_r + jUI_c \qquad (7-2)$$

由图 7-1（c）中的功率三角形可见，介质损耗为

$$P = Q\tan\delta = U^2\omega C\tan\delta \qquad (7-3)$$

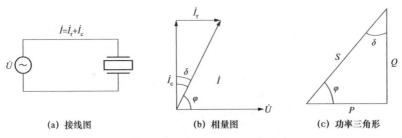

（a）接线图　　　　　　（b）相量图　　　　　　（c）功率三角形

图 7-1　介质在交流电压作用时的电流相量图及功率三角形

在交流电压作用下，电介质中的有功电流和无功电流的比值称为介质损耗角正切值。由于绝缘劣化时，介质电导增大，导致有功电流成分增加，因此介质损耗角正切值增加。通过对介质损耗角正切值的测量，能够准确了解绝缘的状况，发现绝缘整体受潮、劣化等分布性缺陷。

3. 频域介电谱

频域介电谱是反映不同频率下电介质的复电容、复介电常数、介质损耗角正切值等物理参量变化情况的特性曲线。介电常数是综合反映电介质极化过程的一个主要的宏观物理量，其幅值和相位可以准确描述电介质的受潮、老化等信息；介质损耗角正切值可以从有功损耗的角度准确地反映电容型设备绝缘水平，因此，频域介电谱携带丰富的电介质绝缘信息，其不同频段可以反映电介质不同方面的绝缘状况。

7.1.2 集中性缺陷特征量

1. 电容变化量

CVT 是由电容分压单元和电磁单元构成，其中电容分压单元由单节或多节套管式耦合电容器及电容分压器垂叠而成。每节耦合电容器或电容分压器

单元装有数十只串联而成的膜纸复合介质（见图7-2）组成的电容元件，并充以十二烷基苯绝缘油密封。电容分压单元分担了大部分高电压，电容单元的绝缘性能主要决定了 CVT 的绝缘性能。CVT 的电容量测试是至今为止保证 CVT 安全运行的最主要手段，是能反映设备整体受潮状况的重要特性参数。当电容击穿时，电容量会发生突变，且电容器受到温度、湿度、老化等影响其绝缘性能的因素影响时，其电容量也会随之变化。因此检测 CVT 电容量的变化是检查其绝缘状况的有效方法。

图 7-2　电容式电压互感器电容芯纸

2. 局部放电量

电气设备绝缘内部出现局部缺陷时，例如在一些浇注、挤制或层绕绝缘内部容易出现气隙或气泡。空气的击穿场强和介电常数都比固体介质小，因此在外释电压作用下，这些气隙或气泡会首先发生放电，这就是局部放电。局部放电的能量很弱，不会影响到设备的短时绝缘强度，但日积月累会引起绝缘老化，最后可能导致设备整个绝缘发生击穿，设备烧毁和停电事故。局部放电是绝缘损坏的主要原因和表现形式，因此，对局部放电强度进行测量可以有效地检测出内部绝缘的固有缺陷和长期运行绝缘老化产生的局部缺陷及其发展情况。

3.油中溶解气体含量

由于电容式电压互感器、电流互感器等一般都用绝缘油作为绝缘介质，当设备内部发生局部过热或局部放电时会使绝缘油分解，产生 H_2、CO、CO_2 和其他烃类气体。当气体分解量增加时，会导致设备内部压力增大，当压力增大到一定水平时会造成设备爆裂，导致绝缘油泄漏，设备失去绝缘性能后烧毁。因此通过气相色谱仪，分析因局部过热或局部放电而产生并溶于油中的气体，根据气体的组成和各种气体的含量及其逐年的变化情况，可以反映其绝缘状态，判断故障的种类、部位和程度。故对油中溶解气体的检测是绝缘诊断的重要内容。

7.2 介质损耗及电容量监测及评估方法

7.2.1 介质损耗影响因素

1.气候条件的影响

气候条件对介质损耗值有很大的影响，实践表明，由于被测设备周围环境温度周期性变化，所以介质损耗在线监测数据往往呈现周期性的变化趋势。

因为温度不同，电容型设备与外界的热交换就不同，绝缘材料保持不同的温度，从而影响了材料的损耗特性。所以 $\tan\delta$ 的测量值随着温度的变化而变化。实验证明，当温度升高时测得的数值就偏大，相反温度降低时数值就减小，所测数值呈周期性变化。

在设备绝缘良好的条件下，$\tan\delta$ 测量结果也会因季节的不同而有差异并且具有一定的变化规律。一般情况下夏季测得数据最大，冬季测得的数据偏小。大量数据结果统计和停电试验表明，当电容型设备的绝缘特性良好时，其介损与温度的关系并不是十分的明显。

对于不含导电杂质和水分的良好油纸绝缘，在一定温度范围内实际测得介质损耗数值没有明显变化。但是如果绝缘出现劣化，例如绝缘受潮或老化，容性设备的介质损耗会有很大变化，此时介损对温度的变化较为敏感。

湿度对介质损耗有一定的影响，因为当空气中的湿度较高时，会使被测设备绝缘材料表面的湿度变大，从而材料表面的电导明显增大，导致介质损耗随着湿度的增加而增大。一天之内的空气湿度会随着各种天气变化（如晴、雨、雾）出现很大的波动，进而影响到在线监测的结果。电容型设备内部受潮往往是由于其长期处于湿度过高的环境之中，导致所测介质损耗变大。介质损耗在线检测的结果随着不同的温度、湿度等外界环境因素的变化而变化。因此不能根据一次的测量数据判定设备的绝缘状况是否良好。

2. 相间干扰的影响

电力系统属于三相系统，A、B、C 三相之间存在着电容耦合。所以在测量三相电容型试品时应该考虑相间干扰。一般情况下相间干扰会导致测得的介质损耗角不准确。这是因为在测量时，与被测容性设备的电压相差 90° 相角的容性电流往往是主要的，而阻性电流只占很小的部分，虽然由相间的电容耦合形成的干扰电流本身不大，但是它与容性电流相位不同，这样只要干扰电流影响到阻性电流的大小，就会影响到流过被测设备的电流的大小和相位，从而影响到介质损耗角的大小。

相间干扰是否会导致测得的数据出现很大的误差也跟被测电流的大小有关。如果相间干扰电流远远小于被测电流，这种情况下可以忽略相间干扰，但是如果相间干扰电流与被测电流在同一数量级上，这时就不可以忽略。对于电容式电压互感器来说，末屏电流信号一般都在毫安级，而相间干扰一段只有微安级，两者差距较大，可以忽略相间干扰的影响。在线故障诊断中如果采用相对比较法，可认为在同样条件下运行电压对同相设备的影响一致，相间和相邻设备的影响固定，通过差分和相减后，也可以避免相间干扰的影响。

3. 电网频率波动的影响

在线监测过程中一般情况都认为测得的电压信号、电流信号是频率不变的正弦信号。如果采样时间是被采样信号周期的整数倍，即为整周期采样。由 FFT 进行频谱分析，频域不会发生泄漏。这样就可以得到基波以及各次谐波的准确幅值和相角。然而电网是一个动态平衡系统，电网的频率不可能严格以 50Hz 运行，电网频率是波动的，根据国家标准的规定，频率允许变化范围为 50Hz ± 0.5Hz，因此就不能满足整周期采样。如果采用谐波分析法，频率的波动会导致栅栏效应和泄漏问题，不能准确地计算出幅值和相角，进而影响介质损耗测量的精度。

4. 传感器的影响

在线监测装置为了得到电流信号，常常采用穿心式的电流传感器，一般情况下可用无源传感器或是有源传感器。无源传感器结构简单、维修方便、本身的性能稳定、成本低、使用寿命长。因为流过电容型设备绝缘的电流比较小，故从单匝穿心式电流互感器二次侧获得的输出信号就很小。因而容易受到外界干扰而影响其准确度。为了改善无源传感器的特性，有的改用有源传感器，如在电流传感器的输出端加有源放大器。其优点是输入阻抗很高，缺点是共模输入电压高，因而选用共模输入电压抑制比较大的运算放大器。但是由于元器件过多，本身的可靠性和稳定性比较难保证。传感器的影响主要体现在受到干扰后会造成测试数据的不稳定，因为在线监测过程就是在非常复杂的环境中进行的，所以干扰尤为明显。

5. 谐波、噪声的影响

在线监测装置所处的环境是非常复杂的。下面就简单地分析一下电磁干扰问题。电磁干扰可以根据干扰源传播到在线监测装置方式的不同分为两类：辐射和传导。当干扰源与在线监测装置之间的距离相对于干扰信号的波长很大时，这种干扰通过空间传播到在线监测装置上，这种方式称为辐射。当干扰源与在线监测装置之间的距离相对于干扰信号的波长很小时，这种干扰通过电路传到在线监测装置，这个过程称为传导。辐射电磁场属于辐射场，这种干扰的频率通常很高，传导干扰源的性质一般表现为电场，这种干扰通常都是频率比较低的干扰。电磁干扰一般有以下耦合方式：

1）电容性耦合。两个具有不同电位的容性设备中之间存在电场，在电场中的其他设备与带电体间存在有杂散电容，因此均有一定电位。

2）电感性耦合。电感性耦台由两个或多个电流回路互链磁通为媒介，当一个电路交流电流产生的磁通交链另一个电流回路时，第二个回路就会感应出电压。感应电势与干扰源的角频率成正比。可见，干扰源的频率越高，两电路间互感越大，则感性耦合造成的干扰越大。

3）电导性耦合。在两个电路有共用导线（如输入/输出信号线、地线等）相联系的情况下，两个电路的电流流经一个公共阻抗，于是，一个回路中的电流在该公共阻抗上的电压降构成了对另一个回路的干扰。

4）辐射性耦合。透过设备的外壳上的缝隙或空洞向外辐射；透过设备间的连接电缆向外辐射等。

7.2.2 介质损耗在线监测原理

按照测量原理，介质损耗测量方法大致可以分为硬件法和软件法两类。硬件检测方法，就是依靠电子线路来实现的。主要有过零电压比较法、电桥法等为代表。软件的检测方法，即将监测得到的数字化电流 i 和参考信号比较测得 δ，然后通过 δ 计算得到 $\tan\delta$。

1. 硬件法

（1）电桥法。介质损耗在线监测早期常用的硬件测量方法中较有代表性的是电桥法。电桥法就是利用电桥平衡测量出被测设备的电容值 C 及 $\tan\delta$。其优点是方法简单，易实现，精度相对较高。但是由于电桥法是模拟方法，在试验现场不可避免地会有外界的强电场干扰和谐波的干扰，电桥可能会无法平衡，读数的误差较大。所以电桥法多用于干扰场所小的地方使用。正是由于电桥比较容易受到外界的干扰，不少人提出了电桥的改进法。例如：屏蔽法、移相法等。但是，这些方法并没有达到预期的效果。

电桥法一般用于带电检测，以西林电桥原理为基础测量电路，由标准测量装置和基准电压回路组成，图7-3为其原理接线图。桥体内部装有低压标准电容 C_N，电压互感器 TV 是基准电压源，隔离变压器 T、移相元件 C 和 R 用来移动相位，补偿测量系统误差。

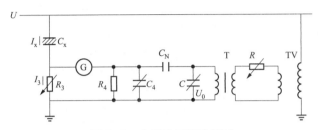

图 7-3 电桥法原理接线图

当电桥平衡时，可以测得 $\tan\delta$ 值和电容量 C_x

$$\tan\delta_x \approx \omega C_4 R_4 + \omega C_N R_4 = \omega C_4 R_4 + \Delta\tan\delta \tag{7-4}$$

$$C_x = \frac{R_4}{R_3} \times \frac{C_N}{K} \tag{7-5}$$

式中　K——TV 的变比。

实际应用中常从电容型设备得末屏取信号，必须对末屏接地进行改造，图 7-4 是电容型设备末屏接地示意图。

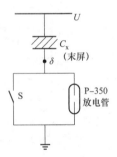

图 7-4　电容型设备末屏接地示意图

设备运行时，开关 S 合上，带电测试时，在接好测试回路后拉开开关 S 进行测量。还有用同相设备作为标准电容器和作为标准支路分压器的测量方法，这里不再一一叙述，其原理接线图如图 7-5 和图 7-6 所示。

（2）过零电压比较法。除了电桥法之外，常用的硬件法还有过零电压比较法。过零电压比较法是一种硬件检测方法，通过测量流过设备绝缘的电流和作用在设备上的电压信号波形相邻过零点之间的时间差，再换算成相位角，原理框图如图 7-7 所示。

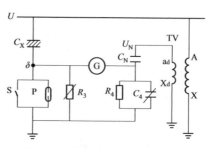

图 7-5　用同相设备作为标准电容器的原理接线图

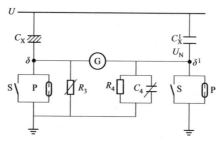

图 7-6　用同相设备作为标准支路分压器的原理接线图

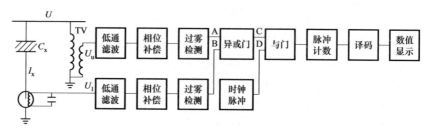

图 7-7　过零检测法原理框图

从套在设备接地线上的小 TA 抽取表示电流信号的 U_1，由于小 TA 二次侧负载为电容，因此 U_1 相对实际电流 I_x 移相了 90°，从 TV 抽取的系统电压信号 U_u 与 U_1 之间的夹角就是介质损耗角 δ。比较这两个信号的相位就可以求得 $\tan\delta$。过程图 7-8 所示。

U_u 与 U_1 经低通滤波器滤除高次谐波后，进行相位补偿校正，进入过零比较器整形为方波 A 和 B，在异或门相减后得到宽度为 τ 的方波，将此方波和由时钟脉冲发生器产生的等间隔脉冲 D 共同输入与非门，输出的为在方波延续时间内的部分脉冲 E，计数器数出脉冲数，乘以脉冲周期即可确定出两个

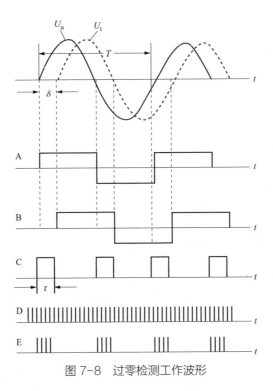

图 7-8 过零检测工作波形

信号过零点的间隔时间，换算后可得相角差。其数学原理如下。

设满足上述条件的两个正弦波可以分别表示为

$$u_1 = A_1 \sin \omega t \qquad (7-6)$$

$$u_2 = A_2 \sin(\omega t + \varphi) \qquad (7-7)$$

则任何时刻的电压差可以表示为

$$u_3 = u_2 - u_1 = A_2 \sin(\omega t + \varphi) - A_1 \sin \omega t \qquad (7-8)$$

由于 $A_1 = A_2 = A$，则上式变成

$$u_3 = u_2 - u_1 = A[\sin(\omega t + \varphi) - \sin \omega t] = B \cos(\omega t + \varphi/2) \qquad (7-9)$$

当 $t = 0$ 时，则 $u_3 = A \sin \varphi$。

得出

$$\varphi = \arcsin(u_3/A) \qquad (7-10)$$

该方法有很多优点，其降低了对过零检测准确性的要求；电路设计简单，对 A/D 转换电路和启动采样电路设计要求不高，而且能够较准确地测量出两

个正弦波的相位差。但是这种方法容易受到外界环境的影响，例如易受到谐波的干扰，频率变化和电压变化会使测量数据不准确，所以这种方法必须对信号进行于预处理。如使两个正弦波的谐波分量和相位相等，这样就不可避免地会增加硬件处理环节，通过硬件电路满足上述条件十分苛刻。

2. 软件法

软件检测方法中参考信号有两种不同的取法，第一类方法叫绝对测量法，这类方法以被测试品两端的电压 $\dot{U}$ 为参考信号，先测出 $\dot{I}$ 与 $\dot{U}$ 之间的夹角 ψ，再根据公式 $\delta = \pi/2 - \psi$. 从而计算出 δ。这种情况下电压信号一般取自 TV 的二次侧。第二类方法称为间接法，以现场一台绝缘完好并且运行稳定的同类设备的总电流作为参考信号。因为参考设备的介质损耗非常小，所以 $\tan\delta$ 极小。这样容性电流就非常地接近总电流，参考设备电流与被测设备的电流之间的夹角就可以近似地认为是 δ。由于参考设备和被测设备在同一环境中，受到的电磁场干扰和气候条件的影响等其他因素的影响是非常相近的。所以可以认为环境导致 $\tan\delta$ 的变化量基本一致的。所以参考设备之间的相对值就保持不变，所以这样就可以基本忽略环境因素的影响。但是这种方法有如下缺点：如果参考设备出现故障就会导致参考电流的不准确，进而导致测量出来的很大的误差，可能导致误判；这种方法无法对单一设备进行测量，测量的结果都是相对值，无法测得设备的绝缘损耗的绝对值。

（1）谐波分析法。谐波分析法实际上就是利用满足狄里赫利（Difichlet）条件电网电压 u 与被测试品电流 i 进行傅里叶级数分解，通过数学的计算方法得到 $\tan\delta$。其表达式为

$$\dot{U}(t) = U_0 + \sum_{k=1}^{\infty}\left[U_{km}\sin(k\omega t + \alpha_k)\right] \tag{7-11}$$

$$\dot{I}(t) = I_0 + \sum_{k=1}^{\infty}\left[U_{km}\sin(k\omega t + \beta_k)\right] \tag{7-12}$$

其中　U_0、I_0——电压、电流的直流分量；

$\quad\quad$ U_{km}、I_{km}——电压、电流的各次谐波幅值；

$\quad\quad$ α_k、β_k——电压、电流的各次谐波幅值的相位角（$k=1$，2，$\cdots$，∞）。

由于介质损耗只需测量出电压、电流中的基波分量相位角之差，可以直接利用三角函数的正交性得出

$$C_0 = U_{1m}\cos\alpha_1 = 2[\int_0^\pi u(t)\sin\omega t\,dt]/T \tag{7-13}$$

$$C_1 = U_{1m}\sin\beta_1 = 2[\int_0^\pi u(t)\cos\omega t\,dt]/T \tag{7-14}$$

$$D_0 = I_{1m}\cos\beta_1 = 2[\int_0^\pi i(t)\sin\omega t\,dt]/T \tag{7-15}$$

$$D_1 = I_{1m}\sin\beta_1 = 2[\int_0^\pi i(t)\cos\omega t\,dt]/T \tag{7-16}$$

所以介质损耗角正切值可以表示为

$$\tan\delta = \tan[90° - (\beta_1 - \alpha_1)] \tag{7-17}$$

$$\tan\delta = \tan[\arctan(C_1/C_0) - \arctan(D_1/D_0)] \tag{7-18}$$

这种方法不但避免了电网中存在的各次谐波的影响，同样也可避免采样电子电路零漂的影响，从而可以得到稳定性高、测量精度高的结果。

（2）高阶正弦拟合法。高阶正弦拟合法是采用非同步采样条件下测量介损角的算法，检测数据中一般情况下包含直流分量和谐波分量，高阶正弦拟合法以直流分量幅值、基波频率、基波分量和谐波分量的幅值和初相角为优化对象，用高阶正弦模型来拟合 i、u 的采样数据。高阶正弦拟合法实际就是一种迭代的数值计算方法，有很大的计算量，计算速度相对较慢。有的文献提出了使用改进保留非线性算法，而且采用了较为简单的获得初解的方法即采用修正理想采样频率 FFT 方法，从而提高了最小二乘的计算速度。但是由于这种算法的计算往往较大，通常无法在单片机或微处理器系统上实现，只能用于工控机计算。

（3）相关函数法。相关函数法要求整周期采样，并没有要求具体的采样点数，这样就简化了硬件电路的设计。但是要保持信号频率和采样频率一致，并不是一件易事。在通常情况下会在电路中增加同步采集卡或者是专门增加一个测量频率单元，当测出电网频率后再实时调整系统采样的频率，使采样频率和信号频率保持相同。采用这种设计之后会无形增加电路的复杂程度，

可能导致整个系统的稳定性变差。

3. 基于双电流传感的介损及电容量在线监测及评估方法

上述监测方法是把被监视对象看作一个整体来进行监测。然而对于电容式电压互感器来说，由于中间变压器的存在，流过高压电容和中压电容的电流并不相等，因此将高压电容和中压电容视为一个整体，用同一个电流来评估整体电容器的介质损耗和电容值，这种方法物理意义不明确，无法准确判断和定位故障准确的位置。

针对以上问题，提出了一种电容式电压互感器电容量及介损在线监测方法，如图 7-9 所示，图中 C_1、C_2 分别是 CVT 电容分压器，T2 是 CVT 的中间变压器，L 是 CVT 补偿电抗器，T1 是同相母线 TV，该 TV 是电磁感应原理的，稳定性高，受环境影响小，稳定性比 CVT 高。该方法原理是直接监测 TV 二次电压 U_{z1}、CVT 主电容电流 I_{c2}、CVT 中间变压器一次电流 I_b 及二次电压 U_{z2}，再结合离线参数 CVT 中间变压器变比 K_2 和补偿电抗器 L，可利用各参量之间的数学关系计算得到高压电容 C_1 和中压电容 C_2 的电压和电流（U_{C1}、U_{C2}、I_{c1}），再计算出介质损耗值和电容量。

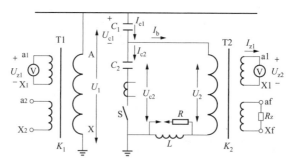

图 7-9　基于双电流传感的介质损耗及电容量在线监测原理图

计算表达式如下

$$\begin{cases} \dot{U}_{c1} = K_1 \dot{U}_{Z1} - j\omega L \dot{I}_b - K_2 \dot{U}_{Z2} \\ \dot{U}_{c2} = j\omega L \dot{I}_b + K_2 \dot{U}_{Z2} \\ \dot{I}_{c1} = \dot{I}_b + \dot{I}_{c1} \end{cases} \tag{7-19}$$

计算得到 C_1、C_2 端电压、电流后代入下式可得到其介质损耗值和电容量。

$$\begin{cases} \tan\delta_x = \tan[\pi/2 - (\varphi_{icx} - \varphi_{ucx})] \\ C_x = I_{cx}/\omega U_{cx} \end{cases} \qquad (7\text{--}20)$$

式中　x——取值为 1、2；

　　　φ_{icx}——流过电容器电流基波分量的相位角；

　　　φ_{ucx}——电容器端电压基波分量的相位角。

7.2.3 评估方法

1. 基于阈值的判别

根据我国电力行业标准 DL/T 596—2018《电力设备预防性试验规程》的规定，电力互感器介质损耗的要求见表 7-1、表 7-2。

表 7-1　　　　　　　　　　　　电流互感器介质损耗值要求

类别	要求			
电流互感器	主绝缘 tanδ（%）不应大于下表中的数值，且与历年数据比较，不应有显著变化			
	电压等级（kV）	20～35	66～110	220	330～500
	油纸电容型	—	1.0	0.8	0.7
	充油型	3.5	2.5	—	—
	胶纸电容型	3.0	2.5	—	—
	电容型电流互感器主绝缘电容量与初始值或出厂值差别超出 ±5% 范围时应查明原因 当电容型电流互感器末屏对地绝缘电阻小于 1000MΩ 时，应测量末屏对地 tanδ，其值不大于 2%			

表 7-2　　　　　　　　　　　　电压互感器介质损耗值要求

类别	要求				
电磁式电压互感器	绕组绝缘 tanδ（%）不应大于下表中的数值				
	温度（℃）	5	10	20	30	40
	35kV 及以上	1.5	2.0	2.5	4.0	5.5
	支架绝缘 tanδ（%）一般不大于 6%				
电磁式电压互感器	10kV 下 tanδ（%）不应大于下列数值： 油纸绝缘 0.005 膜纸绝缘 0.002				

这些要求值一般是基于当时大量的调查统计的结果，而且一般是离线试验电压下（一般为 10kV）介质损耗值。电力互感器在实际运行中，绝缘介质工作电压远大于 10kV，一般情况下在实际运行中的介质损耗阈值可基于 10kV 下的阈值适当放宽，也可根据经验来定。

2. 基于比相法的判别

基于阈值的判别一般用于评估单一对象，然而在实际运行中，电力系统中电网的暂态过程也会对线路上所有电力互感器介质损耗产生影响，会出现瞬间异常，但是暂态过程过后，介质损耗会恢复正常，如果采用阈值方法判断会出现误判和错判的问题。因此下面介绍一种基于比相法的判别。

工作机理是（以 CVT 为例）：利用在线监测的电压电流参数，计算出 CVT 二次电压角差、CVT 二次电压比差、CVT 主电容容值和 CVT 主电容介质损耗值，再利用评估算法计算评估值，并与设定的阈值进行比较，超出阈值后系统判断故障相别并给出报警信号信息。

依次包括以下步骤（见图 7-10）：

（1）参数获取。获取 CVT 二次电压角差、CVT 二次电压比差、CVT 主电容值和 CVT 主电容介质损耗值；测量的参数以告警阈值为基准，取其相对值得到基本参数集。假设基本参数集为 $A = \{a_1, a_2, a_3, \cdots, a_n\}$，将其中的 >1 的值取平方后与余下值求取平均数得到参数元数。

（2）判断数据是否超过阈值。当参数元数大于告警阈值时，加入其变化量增加其权重，即权重为自身。CVT 主电容容值和 CVT 主电容介质损耗值未超过阈值的数据权重为 1；CVT 二次电压角差和 CVT 二次电压比差，数据权重为 0.8。

（3）采用比相算法将数据向量化，排除异相干扰带来的影响。

（4）定量评估。根据实验数据将数据进行定量化，确定定量评估值和评估值相位。

（5）根据定量值的大小判断是否正常，根据评估值相位确认故障相位。与经过加权计算的数据共同进行定量评估；更加进一步的排除系统带来的干扰。

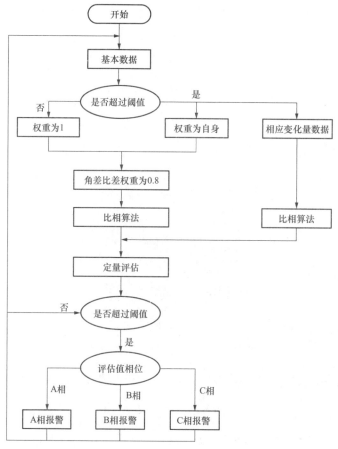

图 7-10 CVT 运行状态评估算法流程图

根据比相算法排除异相干扰的具体算法如下：

根据得到的 CVT 二次电压角差、CVT 二次电压比差、CVT 主电容容值和 CVT 主电容介质损耗参数，对于电网固定的电压间隔得到表 7-3 数据。

表 7-3　　　　　　　　　　基本参数列表

A 相		B 相		C 相	
$\tan\delta_a$	$d\tan\delta_a$	$\tan\delta_b$	$d\tan\delta_b$	$\tan\delta_c$	$d\tan\delta_c$
C_a	dC_a	C_b	dC_b	C_c	dC_c
θ_a	$d\theta_a$	θ_b	$d\theta_b$	θ_c	$d\theta_c$
f_a	df_a	f_b	df_b	f_c	df_c

用上述数据如图 7-11 所示，将平面分为三块区域：分别为 A 相区（30°~150°）、B 相区（-90°~30°）和 C 相区（150°~270°）；将测得的三相参数进行以下转换，以 CVT 介损值为例

$$\tan\delta_\Sigma = \tan\delta_a + \tan\delta_b \cdot e^{j240} + \tan\delta_c \cdot e^{j120} \tag{7-21}$$

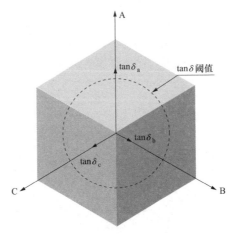

图 7-11　三相基本参数矢量分区图

如果介损值由系统引起，则 $\tan\delta_a = \tan\delta_b = \tan\delta_c$，$\tan\delta_\Sigma = 0$；

若其中一相介损值变大，而其他两相介损值变化不大，即 $\tan\delta_a > \tan\delta_b = \tan\delta_c$，则 $\tan\delta_\Sigma$ 为一定值，且 $\tan\delta_\Sigma$ 相角 $30° < \arg(\tan\delta_\Sigma) < 150°$，即落于 A 区，如图 7-11 所示，从而达到排除异相干扰的目的，其他参数也采用相同的方法进行处理。

7.3　基于能量密度的新型评估方法

以往判断容性设备主要参考介质损耗角正切值 $\tan\delta$，这种简单的判断方式在以前以人工为主的预防性检修方式下具有一定的意义，但对于 CVT 来说，其电容量较大，阻性分量较小，导致其介质损耗角正切值 $\tan\delta$ 非常小，在目前测量精度不够的情况下，不能只通过介质损耗角来反映其绝缘状态。而有功损耗可反映设备内部的发热状态及绝缘的分布式缺陷，因此，提出一种以容性设备有功损耗为中心的评估方法。

有功功率损耗可以直接反映容性设备的绝缘状态，其表达式为 $P = U^2\omega C\tan\delta$。从有功损耗评估方法的表达式中可以看出，在同一电压等级下，容性设备的有功功率损耗与 C 和 $\tan\delta$ 有关，但实际对容性设备的绝缘状态进行评估时往往只考虑 $\tan\delta$，不能准确地反映容性设备的实际功率损耗情况。在此背景下提出功率密度的概念。功率密度是指容性设备在单位体积中的有功损耗，这一物理量充分考虑了容性设备的电容和体积因素，还可将各个电压等级下 CVT 的绝缘性能进行归一化处理，完成对各电压等级下 CVT 绝缘性能的综合评估，比传统的单纯用 $\tan\delta$ 对 CVT 进行绝缘评价的方法更能真实反映 CVT 的整体绝缘劣化及受潮情况。功率密度表达式为

$$w = p/v \tag{7-22}$$

根据功率密度评价 CVT 的绝缘状态，绝缘状态分为优、良、中、差四级。功率密度与等级的对应关系设定如下：

优 $w<10$

良 $10<w<25$

中 $25<w<40$

差 $w>40$

评价结果在中及以下可认为绝缘有较大的隐患，需要停电进行进一步的检测和维护。

7.4 基于油中溶解气体含量的绝缘评估方法

7.4.1 在线监测原理

由于油浸设备中的多数故障都会引起油中 H_2 的增多，因而性能可靠的简易型气体监测器确有可能起到及早报警的作用。如某电力公司有选择性地先安装了 64 台简易型气体监测器，且实施集中管理及分析对比，已及时发现了重大事故苗子。

但要诊断究竟是哪类故障，还需进行多种气体组分的定量分析。为此，

或仍从现场取样后送实验室进行色谱分析，或对重要且担心的设备配以现场用的多种气体的分析仪。气体分析仪虽其基本步骤多数仍为脱气、分离及定量三步，但如何以更高的稳定性、可靠性及性价比来适应现场的需要，还需进一步研究。如脱气过程，现场用的分析仪较多采用较简便的薄膜渗透脱气方法；而在分离及定量技术上不断有新方案推出，例如将原用于实验室时要用两根色谱柱及两种定量方法（FD 及 TCD）改为仅用一根色谱柱及一种定量方法（如 TCD），使仪器大为简化，但仍基本保持气相色谱法所具有的稳定性和可靠性；有的将定量环节改用气敏半导体传感器，使现场用气体分析仪更加轻便，且造价也可低得多。可分析 6 种气体组分的便携式分析仪所给出的色谱图如图 7-12 所示。

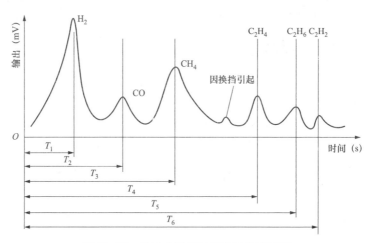

图 7-12　分析 6 种气体组分的色谱图例

根据国内外经验，采用气敏传感器以定量的方法是有不少优点，但要特别注意其稳定性。例如，运行中有的由于表面脏污等原因将引起读数不定。有的重复性下降。有的灵敏度降低等。为改善气敏传感器的稳定性，可采用光学的方法。例如，采用红外原理制成的多种气体分析仪，由于待测的 C_2H_2、C_2H_4、CH_4、C_2H_6、CO、CO_2 在红外光谱段里各有其吸收峰，采用光谱仪可将其一一准确测出，再结合以傅里叶变换分析，所以这种方法称为 FTIR（Fourier Transform Infra Red）频谱法。

7.4.2 评估方法

1. 基于阈值的判别

DL/T 596—2018《电力设备预防性试验规程》给出了各主要气体的典型值大致范围，见表 7-4 和表 7-5。这些典型值体现了近年来大量数据的概率分布。

表 7-4　　　　　　IEC 给出的油中气体含量的典型值　　　　μL/L

设备类型	H_2	CO	CO_2	CH_4	C_2H_6	C_2H_4	C_2H_2
TA	6 ~ 300	250 ~ 1100	800 ~ 4000	11 ~ 120	7 ~ 130	3 ~ 40	1 ~ 5
TV	70 ~ 1000	—	—	—	—	20 ~ 30	4 ~ 16

表 7-5　　　　　　DL/T 596 给出的规定值（体积分数）　　　　μL/L

设备类型	H_2	总烃	C_2H_2
TA	150×10^{-6}	100×10^{-6}	2×10^{-6}（110kV 及以下） 1×10^{-6}（220kV 以上）
TV	150×10^{-6}	100×10^{-6}	2×10^{-6}

2. 基于比值法的判别

在分析故障性质时，不仅要看气体数量及增长率，而且宜采用比值的方法，例如 Doernenberg 的四比值法、Rogers 的三比值法等至今仍有使用。

（1）Doernenberg 法，先提出几个主要气体（H_2、CH_4、C_2H_2 等）的含量注意值 L_1（分别取 100、120、35、50L/L 及 350L /L），然后大致采取如图 7-13 所示的步骤：如果 H_2、CH_4、C_2H_4 或 C_2H_2 中至少有一个超过该项注意值的 2 倍，即 $2L_1$，而且 C_2H_2 或 CO 含量超过该项的 L_1 时，才认为可能有故障，这时才值得继续采用这 4 个比值（$R_1 \sim R_4$）进行判别。

（2）Rogers 法，用三个比值 R_1、R_2、R_3，即 CH_4/H_2、C_2H_2/C_2H_4 及 C_2H_2/C_2H_6，其流程图大致如图 7-14 所示。1978 年 IEC 旧导则（599）所采用的三比值法是对 Rogers 法进行的完善，以后不少国家曾直接引用或结合国情进行修改补充，表 7-6、表 7-7 列出我国导则中的此"三比值"编码规则及判断方法中的主要内容。

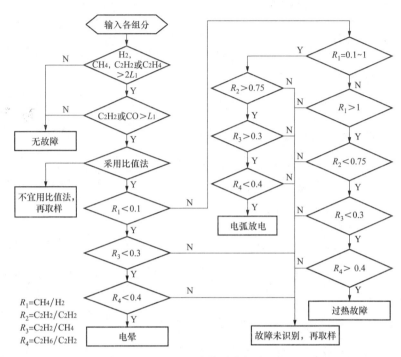

图 7-13　四比值法分析流程

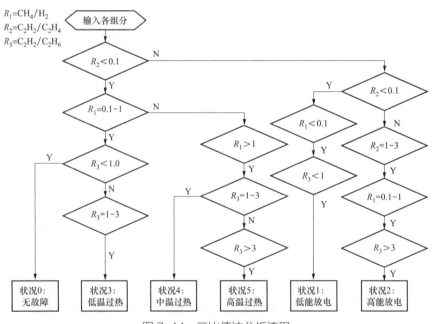

图 7-14　三比值法分析流程

表7-6 三比值法编码规则

气体组分比值范围	比值范围编码		
	C_2H_2/C_2H_4	CH_4/H_2	C_2H_2/C_2H_6
<0.1	0	1	0
0.1 ~ 1	1	0	0
1 ~ 3	1	2	1
>3	2	2	2

表7-7 故障类型的诊断

编码组合			故障类型分析判断	故障实例
C_2H_2/C_2H_4	CH_4/H_2	C_2H_2/C_2H_6		
0	0	1	<150℃,低温过热	导线过热,注意CO、CO_2及其比值
	2	0	150 ~ 300℃,低温过热	引线螺钉松动或接头焊接不良、铁心漏磁、短路、涡流发热
	2	1	300 ~ 700℃,中温过热	
	0, 1, 2	2	>700℃,高温过热	
1	1	0	局部放电	潮湿、含气多引起油中低能量放电
	0, 1	0, 1, 2	电弧放电	匝间、层间、相间、引线之间或对接地体放电等
	2	0, 1, 2	电弧放电兼过热	匝间、层间、相间、引线之间或对接地体放电等
2	0, 1	0, 1, 2	低能量放电	引线等对悬浮电位部件间火花放电
	2	0, 1, 2	低能量放电兼过热	分接头不同部件间油隙放电

3. 智能诊断技术

在油中溶解气体的诊断方面,主要采用 IEC/IEEE 推荐的方法;也有不少国家结合自己的具体情况,制定了各不相同的油中气体的"可接受水平"及故障判断规则。我国相关规程基本上沿用 IEC 三比值法,但在现场应用中也发现不少问题,主要有"缺编码""编码边界过于绝对"等;针对这些不足,各种智能技术如模糊推理、人工神经网络等已被引入互感器的故障诊断中,并取得了比较好的效果。

单一类型的互感器故障与油中气体含量之间并没有明确的函数映射关系，气体含量的分布特性也很难推测；而实际现场数据的采集精度及数量也很有限。传统方法都是基于统计学渐进理论基础上发展起来的，即当样本数量趋向于无穷大时的极限特征。但在工程实际中，这样的前提条件往往难以满足，当问题处在高维空间时尤其如此，因此基于经验风险的最小化原理在实际应用中具有很大的局限性。

支持向量机作为一种统计学习理论的通用学习方法，可以很好地解决上述评估中问题。它是在小样本学习条件下，通过选择适当的模型（最优分类面）以保持置信范围的固定，从而使经验风险最小化。它避免了学习过程中易陷入局部极小的缺点，并在提高学习一致性的同时，通过事先选择的非线性映射 φ 将输入向量 x 映射到一个高维特征空间 Z，用来构造最优分类超平面。这时并不需要以显示形式来考虑特征空间，只需能够计算特征空间中的向量的点积 $Z(x) \times Z(y) = K(x,y)$，因此可以在对于特征空间的实际特征不清楚的条件下得出最优解，从而为问题的解决提供了便利条件。

支持向量机是从线性可分情况下的最优分类面发展而成的，其基本思想如图 7-15 所示的两类线性可分问题：图中空心点和十字分别表示两类的训练样本，H 为把这两类没有错误地分开的分类线，H_1、H_2 分别为各类样本中离分类线最近、且平行于分类线的直线，而 H_1 和 H_2 之间的距离是两类的分类间隔，并将 H_1、H_2 上的训练样本点称作支持向量。该最优分类面不但能将两

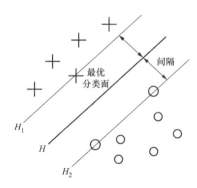

图 7-15　最优分类超平面

类无错误地分开，而且使分类间隔最大。前者保证经验风险最小，而后者使推广性的界中的置信范围最小，从而使问题的真实风险最小。

推广至线性不可分情况，为了描述分类超平面，并考虑到存在不能被分类超平面正确分类的样本，引入了松弛向量 $\varepsilon_i \geq 0$，则超平面的约束条件为

$$y_i[(w \cdot x_i) + b] - 1 + \varepsilon_i \geq 0 \qquad (7\text{-}23)$$

式中　w——超平面法线分量；

　　　b——常数。

再经过进一步的简化在线性不可分的情况下广义最优分类面问题可转化为

$$\Phi(w, \varepsilon) = \frac{1}{2}(w, w) + C\left(\sum_{i=1}^{n} \varepsilon_i\right) \qquad (7\text{-}24)$$

式中　C——某个制定的常数控制错分样本惩罚的程度实现在错分样本的比例　　　　与算法复杂度之间的折中。

要寻找最优分类面就是要求解如上所述的二次规划问题找出唯一的极小点在此仅讨论非线性可分的情况该优化问题可由拉格朗日泛函的鞍点给出。

$$L(w, b, \varepsilon, a, \gamma) = \frac{1}{2}(w, w) + C\sum_{i=1}^{l}\varepsilon_i - \sum_{i=1}^{l} a_i\left[(w \cdot x_i - b)y_i - 1 + \varepsilon_i\right] - \sum_{i=1}^{l} \gamma_i \varepsilon_i \qquad (7\text{-}25)$$

其中　$a_i \geq 0$；$\gamma_i \geq 0$；

式中　a_i——拉格朗日乘子。

根据优化理论的 Kuhn-Tucker 定理利用 $0 < a_i < C$ 所对应的样本即可求出分类阈值 b，最后可得到基于最优超平面的决策函数

$$f(x) = \text{sgn}(w \cdot x + b)$$

最近邻法是非参数模式识别的方法之一，对于未知样本 x，只要比较 x 与 N 个已知类别的样本之间的欧氏距离，就能决策 x 与它最近的样本是否同类。而 K- 近邻搜索聚类（K-NN Search）是最近邻法的一种推广。在 N 个样本中，来自 w_1 类的样本有 N_1 个，来自 w_2 类的有 N_2 个，$\cdots$，来自 wc 类的有 Nc 个；若 w_1, $k_2, \cdots, k_c$ 分别是 k 个近邻中属于 $w_1, w_2, \cdots, w_c$ 类的样本数，则可以定义判别函数为

$$g_i(x) = k_i, \ i = 1, 2, 3, \cdots, c \qquad (7\text{-}26)$$

决策规则为：$g_j(x) = \max(k_i)$，则决策 $x \in w_j$。理论上如果样本数 N 及近邻数 k 趋于无穷时，K– 邻近法则为最优分类，但在实际问题中，样本数 N 是有限的，所以在 K– 邻近法中总希望采用大一些的近邻数 k 值以减少错误率；另一方面又要求 k 个近邻都很靠近 x。故本文在选择 k 值时，采取折中的考虑，使它总是样本总数的一小部分，为了避免 $k_1 = k_2$ 的情况，在此处选择 k 为奇数。

用油中溶解气体含量对电力互感器的绝缘进行评估时，一方面采用分层决策的模型，基于小训练样本的条件下，由粗到细逐步将故障进行分类，使诊断不断深入，逐渐靠近故障的真实情况；另一方面将 K– 邻近搜索聚类和 SVM 引入决策模型，以完成具体的分类计算。如此的模型设计出于两个目的：

（1）分层决策模式的采用可以降低需分类的类别数目，减少大类别情况下多种类别分布非常接近的可能性，避免出现错分，从而达到提高诊断效果的目的。

（2）单一 SVM 分类器参数设计复杂，况且 SVM 算法目前无法与具体 DGA 数据的各种先验知识结合，如果仅仅不加区别地同等对待分类问题，势必造成误差的引入，尤其对于处于"可疑诊断区"（如图 7–16 所示的 H_1，H_2 之间的区域）的数据问题更是如此。为了提高 SVM 对 DGA 数据分类效果，引入 K– 近邻搜索聚类修正其结果。它首先以 SVM 的分类结果为基础，然后将支持向量与可疑区 DGA 数据一起作为训练样本，在更小范围内进行新的聚类分析，完成整个分类计算过程。此方法既兼顾 DGA 数据在特征空间分布特性，更为了提高分类的可靠性。

7.5 基于多绝缘参量的模糊综合评估方法

模糊综合评估以模糊理论为基础，依据事物状态和评判因素之间存在的模糊关系，用隶属度表示评价因素的不确定性，把定性评价转化为定量评价，从而对事物的状态做出综合评估。在对电力互感器进行绝缘状态模糊综合评估时，核心在于合理选择与分配电力互感器评价因素的隶属度及其相对重要性大小（即权重）。

（1）建立评价因素集。选用绝缘电阻、吸收比、介质损耗角正切值、油中溶解气体等作为评价指标，形成明确的评价指标体系。

（2）分配各评价因素的权重。运用 FAHP 进行评价因素的权重分配，首先建立模糊互补矩阵

$$A = \begin{bmatrix} a_{11} & \cdots & a_{1n} \\ \vdots & \ddots & \vdots \\ a_{n1} & \cdots & a_{nn} \end{bmatrix} \qquad （7-27）$$

其中 A 满足 $a_{ij} + a_{ji} = 1$（$i, j = 1, 2, 3, \cdots, n$），$a_{ij}$ 表示评价因素 a_i 比 a_j 的重要程度，采用 0.1～0.9 标度法进行数量标度，详见表7-8。

表 7-8　标度的具体说明

标度	说明
0.5	两个因素相比，同等重要
0.6	两个因素相比，一个比另一个稍微重要
0.7	两个因素相比，一个比另一个明显重要
0.8	两个因素相比，一个比另一个重要得多
0.9	两个因素相比，一个比另一个极端重要
0.1，0.2	反比较，因素 a_i 与因素 a_j 相比较得 r_{ij}
0.3，0.4	因素 a_j 与因素 a_i 比较得 $r_{ji} = 1 - r_{ij}$

对 A 进行求和后有

$$b_i = \sum_{k=1}^{n} a_{ik}, i = (1, 2, 3, \cdots, n) \qquad （7-28）$$

进行数学变换，$b_{ij} = (b_i - b_j) / [2（n-1）] + 0.5$。

$B = (b_{ij})_{n \times n}$ 即为满足 $b_{ij} = b_{ik} - b_{jk} + 0.5$（$i, j, k = 1, 2, 3, \cdots, n$）条件的模糊一致矩阵。

设评价因素 $u_1, u_2, u_3, \cdots, u_n$，权重分别为 $w_1, w_2, w_3, \cdots, w_n$，用关系排序法计算各评价因素的权重

$$w_i = \frac{1}{n} - \frac{1}{2\alpha} + \frac{1}{n\alpha}\sum_{k=1}^{n}b_{ik}, i \in \{1,2,3,\cdots,n\} \qquad (7\text{-}29)$$

其中，$a = (n-1)/2$，为调整参数。

各评价因素的权重组成的集合 $W = \{w_1, w_2, w_3, \cdots, w_n\}$ 即为评价因素权重集。

（3）建立评语集。对评估对象做出各种可能评估结果的集合，一般使用优，良，中，差4个等级来描述事物状态。

（4）建立模糊评判矩阵 R。将评价集中各评价因素与评语集中各元素分别表示二维矩阵的列和行，可得到模糊评判矩阵

$$R = \begin{bmatrix} r_{11} & \cdots & r_{1m} \\ \vdots & \ddots & \vdots \\ r_{n1} & \cdots & r_{nn} \end{bmatrix} \qquad (7\text{-}30)$$

式中　r_{ij}——评价因素 u_i 对评语集中第 j 个元素的隶属度，取值需要建立合适的隶属函数获得。

（5）模糊综合评估。模糊综合评估通过模糊关系式 $Y = W \circ R$ 完成，式中"$\circ$"为模糊算子，采用加权平均型的模糊算子，关系式为

$$y_i = \sum_{i=1}^{n}w_i r_{ij}, i = (1,2,3,\cdots,n) \qquad (7\text{-}31)$$

加权平均型模糊算子的优点在于既考虑了主要评价因素对状态评估的影响，又保留了单个评价因素的全部信息，比较符合CVT绝缘评估的实际情况。

7.6 局部放电在线监测方法

局部放电是造成电网中的电气设备产生绝缘故障的重要原因之一，对电力互感器的局部放电进行测量和诊断，能够及时判断绝缘状态，防止事故的发生，对电力系统的运行具有重要意义。

在电场作用下，绝缘系统中发生放电的现象只局限在部分区域，尚未全部击穿（即施加电压没有击穿整个导体），这种现象称为局部放电。局部放电有时候在导体边上发生，有时候在绝缘体的表面上和内部发生，在表面发

生的局部放电称为表面局部放电。在内部发生的局部放电称为内部局部放电。而局部放电发生在被周围气体围绕的导体上的时候就会产生电晕现象。由此，总结一下局部放电的定义，指部分桥接导体之间绝缘处的一种电气放电现象。局部放电产生原因是多方面的，主要有以下几种：

（1）存在的电场不均匀。

（2）电介质的组成不均匀。

（3）制造过程掺杂气泡或杂质。

绝缘体内部或表面存在气泡是局部放电发生的最主要原因之一；其次是在设备的运行过程中由于操作不当或者客观环境影响导致发生热胀冷缩，不同材料膨胀系数不同，在电力运行时会逐渐出现裂缝，假如操作人员工作疏忽，没采取适当的保护措施，这种情况将会愈演愈烈；再有一些原因就是在长时间运行过程中，有机高分子渐渐老化，分解出不同的挥发物，由于持续的高场强作用，电荷就会不断地由导体进入介质，在此过程中，注入点上就会使介质气化。

局部放电的表现形式可分为三类：第一类是火花放电，属于脉冲型放电，主要包括似流注火花放电和汤逊型火花放电；第二类是辉光放电，属于非脉冲型放电；第三类为亚辉光放电，具有离散脉冲，但幅度比较微小，属于前两类的过渡形式。

内部局部放电的模拟电路如图 7-16 所示，其中 AC 为交流电压源，R_0 为保护电阻，L_0 为滤波器，C_0 为耦合电容，Z_m 为检测阻抗，C_c 为气隙电容，C_b 为与气隙串联介质的电容，C_a 为其他介质的电容，L_c 为等效气隙电感，R_1 和

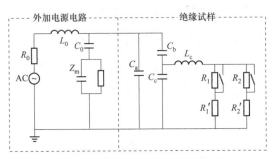

图 7-16　内部局部放电模拟电路

R_2 分别为气隙绝缘电阻和气隙沿面绝缘电阻。当局部放电发生时，根据国内的相关研究，引入了气隙沿面半导电化过程，R_1 或 R_2 变化到他们的半导电化电阻 R_1' 和 R_2'。

设交流电压半周内的放电次数为 N，放电起始电压为 U_{c1}，放电熄灭电压为 U_{c2}，压降 $\Delta U = U_{c1} - U_{c2}$，当外施电压上升到气隙放电起始电压 U_{c1} 时，发生局部放电，之后下降到熄灭电压 U_{c2} 时，也就是气隙电压下降了 ΔU，放电熄灭，气隙电压随着外施电压不断的上升和下降，放电重复发生。

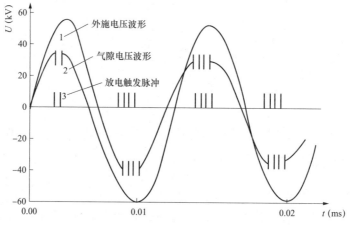

图 7-17 介质内单个气泡在交流电压下的局部放电过程

图 7-17 表示在交流电压下局部放电的发生过程。可以看到，从第二周波开始，放电次数明显增多。把气隙电压 U_{c1}、U_{c2} 换算至对应的外施电压值 U_{s1}、U_{s2}，则 $U_{s1} = U_{c1}/K$，$U_{s2} = U_{c2}/K$，其中 $K = C_b/(C_c + C_b)$。当电源电压至 1/4 周峰值附近，气隙放电熄灭后气隙电压随外施电压达幅值后下降，气隙由 C_b 反向充电，电压 U_{c2} 充至 U_{c1}，换算到外施电压，即外施电压从上一放电点下降 $U_{s1} + U_{s2}$ 时，放电又重复发生。每半周中发生放电次数与外施电压的关系为 $2U = a + (U_{s1} + U_{s2}) + (N-1)(U_{s1} - U_{s2}) + b$，$a$，$b$ 分别为前半周、计算半周中最后一次放电发生点到峰值的电压。则 $N = [2(U - U_{s2}) - (a+b)]/(U_{s1} - U_{s2})$，而 $a < (U_{s1} - U_{s2})$，$b < (U_{s1} - U_{s2})$，当 $U_{s2} \approx 0$ 时，$N = 2U/U_{s1} - 1$，当发生放电时 U_{s1} 一定，$U > U_{s1}$，所以随着外施电压的增大，放电重复率升高，

放电次数增多。

局部放电过程中会产生电荷的迁移，伴随这个现象的发生，因此可以测量外围电路产生的脉冲电流，局部放电测量可以通过检测的脉冲电流实现。传统的脉冲电流通过检测的阻抗或者电流传感器，用这种方法检测所造成的内部的局部放电脉冲信号的电子设备和部件，取得了明显的放电容量。

传统脉冲电流法是研究最早和最广泛使用的检测方法，测量回路引起的电荷通过改变放电脉冲电流来实现高压电气设备的局部放检测。该方法测量放电时回路电荷变化所引起的脉冲电流来实现对高压电力设备局部放电的检测。在脉冲电流法的传感器选择上使用耦合电容（如互感器套管屏幕末端）或电流传感器，一般是测定频带的脉冲电流信号的低频带部分，通常是几千赫兹到几百千赫兹（最多是几兆赫兹）。目前，脉冲电流方法其特点在于高的测量灵敏度，基本的局部放电量（例如：视在放电量、放电频率和放电阶段）可以得到。

传统脉冲电流法的缺点：

（1）由于运行现场存在大量的干扰，导致传统脉冲电流法难以有效地应用到在线监测。

（2）当用于具有绕组结构的设备如变压器，由于绕组中局部放的传播，导致脉冲电流存在较大的误差校正。

（3）由于测试仪器的测量灵敏度与检测仪器和放大器有关联，所以，被检测的对象一旦电容量过大，灵敏度则会受到电容的影响而下降。

（4）测量频带窄并且频率低，所承载的有效信息量少。

基于传统脉冲电流法的以上缺陷，提出超声波检测法。超声波检测法是依据电力设备局部放电所产生的超声波信号来测量和判断局部放电的大小和发生的位置的方法。实际上，在具体的应用中，超声传感器被固定到电气装置壳外进行检测。超声波检测法可用于局部放电检测频带为 20 ~ 230kHz 之间的局部放电信号。

利用超声波法检测互感器局部放电通常具有很多优点，它可以方便地实现在线检测；还可以进行空间定位；近年来，还可进行局部放电信号的模式识别和定量分析。

目前虽然已有一些超声波测量局部放电的成果得到肯定，但从局部放电模式识别的角度上研究超声波的工作甚少，成果也不够理想，可能是由于：

（1）局部放电的产生与超声波机理之间的问题；

（2）超声波信号的传播路径及方式问题；

（3）对掺杂噪声信号的声信号的处理方法问题。

超高频（Ultra High Frequency，UHF）法应用于互感器局部放电的检测，是一种新的方法。研究表明，当发生局部放电时，都会伴有正负电荷相互抵消产生的中和的现象出现，脉冲电流将会沿放电通道产生，它的特点是过程非常短，陡度也比较大，所辐射出来的电磁波信号蕴含着比较丰富的超高频分量。

目前相关实验可以证明，互感器（局部放电脉冲的上升沿非常陡，时间一般小于1ns）都能够激发辐射出频率最高可达数吉赫兹的电磁波。我们可以通过天线传感器来接收局部放电过程中辐射的 UHF 电磁波，从而实现对局部放电的检测。

该技术的优点在于：

它具有较高的检测频段，这样可以有效地避开许多电气干扰，比如：电晕、开关操作等。它具有较宽的检测频带，因此，检测的灵敏度也会很高。它在一定程度上可识别不同的故障类型，还可以进行定位。对操作人员和监测设备本身来讲，超高频法是一个相对比较安全的方法，那就是通过用空间天线耦合射频信号，这样一来使得监测系统和被检测设备之间割除了电气的连接。

但是，由于超高频方法与脉冲电流法的常规测量是不同的，视在放电量便因此无法被标定，而且超高频检测法一般采用的是外置式传感器，它的灵敏度显然低于内置式传感器，这些都在一定程度上制约了超高频方法的应用。

第 8 章

在线监测评估系统应用实例

电力互感器在线
监测与评估技术

8.1 在线监测系统构架设计

对互感器开展系统性在线监测工作，将会涉及多电压等级、多间隔的海量数据采集、传输及分析，在此背景下，参考 IEC 61850 智能化变电站信息模型及构架的在线监测系统的设计，更为科学与合理。

变电站 IEC 61850 综合自动化采用分层分布式系统，由站控层、间隔层、过程层三大部分组成，如图 8-1 所示。根据分层思想，在线监测系统过程层包括：被监测 CVT、母线 TV。间隔层包括：数据监测装置 ADU-100、环境参量监测装置。站控层包括数据处理装置 DPU-100、交换机、服务器等。在线监测系统的工作原理是：间隔层数据监测装置 ADU-100 接收到时钟同步装

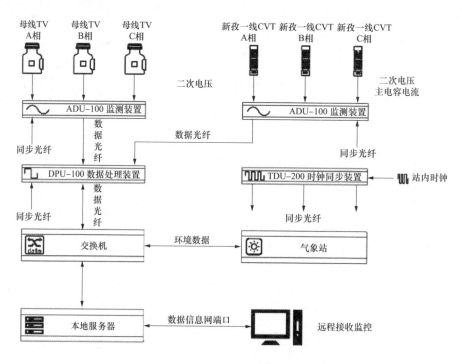

图 8-1　在线监测系统框图

置发出的 IRIG–B 同步信号后启动 A/D 芯片，同步采样电压电流及环境参量，并将采样的信号就地数字化，并通过国网 FT3 协议将信号传输给站控层的数据处理装置 DPU–100。数据处理装置对数据进行解析，并利用 APFFT 等算法计算得到 CVT 误差、tanδ 和电容量等参数。DPU–100 汇集所有的信息转换成符合 IEC 61850–9–2 标准的信息格式上传至网络层交换机，服务器通过交换机获取在线监测数据结果，并对结果进行分析和统计，筛选比较出异常值后发出检修告警信号。服务器通过局域网将监测的所有信息远传至输出处理终端，以便进行数据统计、分析和研究。

8.2 在线监测装置设计

8.2.1 基于零磁通电流传感器电流信号采集电路

普通单匝电流传感器二次要二千匝以上才能达到需要的测量准确度，但 CVT 主电容电流仅有毫安级，匝数太大使得二次输出信号很小，易受到干扰。且由于铁心中磁通的存在，致使所测信号存在相位误差，不能满足在线监测要求。因此本系统采用无源零磁通电流传感器采集泄漏电流。无源零磁通电流传感器利用一个叠加在主互感器上的辅助互感器提供反电动势来补偿绕组阻抗产生的压降，从而不需要额外供电电路和磁通检测电路就可实现零磁通。相比有源式零磁通传感器具有简单、可靠性高的特点。

设计的基于零磁通电流传感器的采集电路如图 8–2 所示。零磁通电流互感器以 1000∶1 的比率将泄漏电流转换成小的电流信号，电流监测范围为

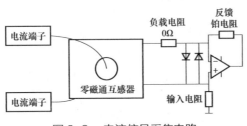

图 8-2　电流信号采集电路

1～1000mA，准确度等级为 0.02 级。通过带屏蔽层双绞线传输到数据监测装置内的采集电路，零磁通电流互感器的负载电阻设计为 0Ω，在高频信号下，充当电感或电容，提高抗干扰能力。根据伏安特性，经过运放变换后的电压 $U = -IR^2$（反馈电阻）。两个二极管起到钳位保护的作用，即使当输入端电流超限，设备掉电，或者运放故障，都可以可靠保证这个高精度互感器不会损坏。此转换电路的准确度主要跟反馈电阻有关。为保证电流信号采集的准确度，选择威世公司生产的 0.01 级无感高精度铂电阻，该电阻具有良好的温度特性，能够保证该电路在 −25～50℃ 范围内，偏差 ±0.02% 以内，电阻值 500Ω。

8.2.2 数据监测装置

数据监测装置 ADU-100 是在线监测系统的重要组成部分，它主要包括电压电流采集模块、AD 模块、CPU 模块和 IO 接口模块。该装置接收来自时钟同步装置 TDU-200 的 IRIG-B 同步信号，同步采集母线 TV、线路 CVT 计量电压及主电容电流，并将采集到的数据以 FT3 格式通过光纤传输到数据处理装置 DPU-100，计算出误差、介损和电容量等。

电压互感器二次电压额定输出值为 57.7V，而一般 A/D 芯片能接受的电平范围是 0～3V，因此必须转换成较低的电压才能传输给 A/D 采集。V/V 变换电路原理如图 8-3 所示。先采用 0.01 级铂电阻进行分压，然后通过电压跟随器再将信号送往 A/D 芯片，此外运放采用隔离电源设计，保证了电压变换的准确度和信号的隔离。由于分压电阻均有相同的温度系数，因此整个电路对温度变化不敏感。选择低容值、低泄漏电流的双向 TVS 二极管对运放进行

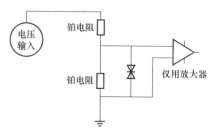

图 8-3　V/V 电压变换电路

保护。为了保证 AD7606 和 FPGA 芯片安全，A/D 芯片与 CPU 的通信采用高速光耦隔离，如图 8-4 所示。因此 V/V 变换电路是处于浮地状态，不会对变电站原有的二次接线造成影响。

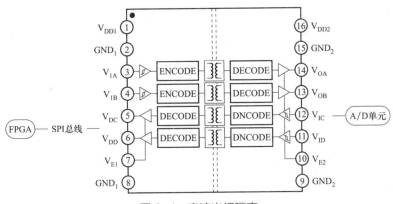

图 8-4 高速光耦隔离

采用 Analog Devices 生产的 AD7606 实现对前端电流信号采集电路、电压信号采集电路输出信号进行模数转换。AD7606 可描述为 16 位、8 通道同步采样，最高采样率可达 200kSPS 的数据采集系统。芯片上集成了模拟输入钳位保护、二阶抗混叠滤波器、跟踪保持放大器、16 位逐次逼近型 ADC 内核、数字滤波器、2.5V 基准电压源及缓冲、高速串行和并行接口。此外 AD7606 集成了高输入阻抗的调理电路，其等效输入阻抗为 $1M\Omega$。该输入阻抗值固定，与采样频率无关，保证了 A/D 芯片的采样精度。AD7606 采用 5V 单电源供电，并真正支持 $\pm 5V$ 的双极性信号输入，大大简化了电路设计。采用 Analog Device 的 ADR441B 作为 A/D 的外置基准。AD441B 具有超低噪声 $1.2\mu V$（p-p）、超低温漂 $3 \times 10^{-6}/℃$ 和初始精度 $2.5V \pm 1mV$ 的特性。另外数据监测装置内部集成温度传感器，实时监测主板的工作温度，软件可利用该温度参数对数据进行补偿，进一步保证了测量数据的准确性。

在对 AD7606 进行读取数据操作之前，必须先对其进行初始化。通过对控制寄存器的写操作，完成 AD7606 采样模式，通信方式和采样率的设置。AD7606 的 8 个模数转换通道由两个 CONVST 信号来控制，其中 CONVST A

控制 V1 ~ V4 通道，CONVST B 控制 V5 ~ V8 通道。通常可以将 CONVST A 和 CONVST B 两个引脚短接，共用一个转换启动信号，此时 AD7606 工作在连续同步采样模式。当 CONVST 上升沿到来时，ADC 同步采样触发，8 个通道均能以最高 200kSPS 的速率进行采样。同时采样保持器进入保持阶段，其模数转换过程开始，之后 BUSY 引脚一直为高。当 BUSY 引脚下降沿到来时，表明转换结束，同时也意味着可以从数字输出口 DB[15：0] 读取数据。

AD7606 支持并行和串行两种通信方式，因串行方式控制简单、不易受干扰，所以本文采用串行方式将采样的波形数据传输至 FPGA 中。AD7606 串行口由 4 个信号引脚组成：CS、RD/SCLK、DB[8：7]、DIN。其中 CS 为片选信号，低电平有效；RD/SCLK 用来输入数据传输的串行时钟；DB[8：7] 用来输出采样的波形数据，当工作在串行通信方式下时，数字输出接口 DB[15：9] 和 DB[6：0] 必须接地；DIN 则是用来输入 FPGA 的操作命令，设置 AD7606 初始状态。

电压监测装置 ADU-100 的主要技术参数为电压输入范围 0 ~ 70.7V（交流），准确度 0.05 级，输入阻抗 100kΩ，最大采样频率 12.8kHz，同步信号使用光纤 IRIG-B，同步误差小于 1μs。

8.2.3 数据处理装置

数据处理装置 DPU-100 是将电压监测装置 ADU-100 采集的母线 TV、线路 CVT 和 CVT 主电容电流进行计算和分析，得出 CVT 的误差、介损和电容量等，并结合变电站气象和环境参量给出误差、介损及电容量的变化曲线，利用数学方法分析变化规律，统计出介损异常变化值。当出现异常值后，利用误差、介损及电容量三者之间的关系，判断并定位绝缘缺陷的位置，给出告警检修信号。它利用时钟同步装置 TDU-200 的 IRIG-B 同步信号确保处理的是同一时刻采集的母线 TV、线路 CVT 的电压信号。数据处理装置 DPU-100 采用 FPGA+ARM+DSP 系统，结构框图如图 8-5 所示。

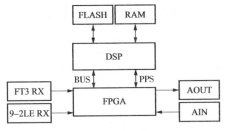

图 8-5　数据处理装置结构框图

数据处理装置 DPU-100 的主要技术参数为支持 IRIG-B/PPS 同步输入，输入支持 TTL/RS485/ 光纤；支持 1 路 TTL/RS485 光纤 IRIG-B/PPS 同步输出；同步误差小于 0.1μs；支持 4 路 IEC 61850 光纤输入，支持 2 路 FT3 输入；220V 交流供电，功率 20W。

为实现对 CVT 的振动、温湿度、磁场的同步监测，为介损和误差分析提供参比条件，本实例设计了环境参量在线监测系统。环境监测装置采用最小化的单片机系统，装置内部集成磁场传感器、电场传感器、温湿度传感器、三轴加速度传感器，能够准确测量磁场、温度、湿度和振动等参量。该装置采用 220V 交流供电，功耗小于 5W，对电源容量要求低。采用 RS485 通信方式，以 19200bit/s 将数据传输给数据监测装置。同步信号使用 RS485 秒脉冲，环境参量同步误差小于 10μs。电源接口、通信接口均设计防雷保护措施，提高了设备的安全可靠性。环境参量在线监测系统框图如图 8-6 所示。

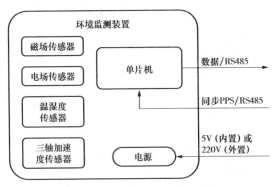

图 8-6　环境参量在线监测系统框图

环境监测装置的主要技术指标见表 8-1。

表 8-1　　　　　　　　　环境监测装置主要技术参数

环境参量	监测范围	最大允许误差
磁场（A/m）	0 ~ 8000	± 5
温度（℃）	–40 ~ 85	± 0.5
相对湿度（%RH）	0 ~ 100	± 5
振动（g）	–8 ~ +8	± 0.5

为全面掌握变电站气象信息，本实例还研制了 PC-4 小型自动气象数据采集站。该气象站是一款便于携带，使用方便，测量精度高，集成多项气象要素的可移动观测系统。该系统采用新型一体化结构设计，可采集温度、湿度、风向、风速、太阳辐射、雨量、气压、光照度、露点等多项信息并做公告和趋势分析，配合软件更可以实现网络远程数据传输和网络实时气象状况监测。该气象站体积小，质量轻，核心部分整体质量不超过 5kg，方便用户将仪器携带到恶劣的环境中使用，测量精度高，稳定性可靠。数据采集密度可根据观测需要进行设置，设置范围 1 ~ 60min；内置大容量数据存储器，可连续存储整点数据 3 个月以上；可根据观测需要扩展为 128MB 存储容量，实现数据无限量存储；多种通信方式，可通过 RS232、RS485、USB 等标准通信接口与 PDA、笔记本电脑等设备在现场读取数据，也可实现本地远距离（≤1000m）数据通信，本实例采用 RS485 接口和服务器实现通信。气象站主要技术参数见表 8-2。

表 8-2　　　　　　　　　气象站主要技术参数

气象要素	通道数	监测范围	分辨率	准确度
环境温度（℃）	1 路	–50 ~ +80	0.1	± 0.1
相对湿度（%RH）	1 路	0 ~ 100	0.1	± 2%（≤80 时），± 5%（>80 时）
露点（℃）	1 路	–40 ~ 50	0.1	± 0.2
风向（°）	1 路	0 ~ 360	3	± 3
风速（m/s）	1 路	0 ~ 70	0.1	±（0.3+0.03）V
降水量（mm）	1 路	0 ~ 999.9	0.1	± 0.4（≤10mm 时），± 4%（>10mm 时）

续表

气象要素	通道数	监测范围	分辨率	准确度
大气压力（hPa）	1路	550~1060	0.1	±0.3
太阳辐射 W/m²	1路	0~2000	1	≤5%

8.2.4 时钟同步装置

时钟同步装置 TSU-200 为母线 TV、线路 CVT 处的两台电压监测装置 ADU-100 以及数据处理装置 DPU-100 提供时钟同步信号。确保数据处理装置 DPU-100 处理的电压信号为母线 TV 和线路 CVT 同时刻的二次电压信号。时钟同步装置采用最小化 FPGA+ 单片机系统，结构框图如图 8-7 所示。

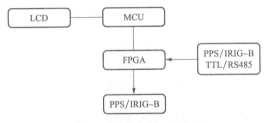

图 8-7　时钟同步装置结构框图

时钟同步装置 TSU-200 的主要技术参数为支持 IRIG-B/PPS 同步输入，输入支持 TTL/RS485、光纤，以同步输入位基准，提供 8 路光纤 IRIG-B/PPS 同步输出；支持 1 路 TTL/RS485 同步输出，同步误差小于 0.1μs。利用单片机控制 LCD，显示同步信号的输出状态。装置采用 220V 交流供电，功率 20W。

8.2.5 硬件系统不确定度评定

1.电压不确定度评定

监测系统由传感器、A/D 芯片、数字算法等多个信号处理环节构成，从误差测量链路分析可知，误差监测系统的误差主要包括分压电阻误差、A/D 采样误差、晶振误差、同步误差以及算法误差等。下面就几个子项进行分析：

（1）分压电阻误差。前面已经介绍，分压电阻采用 0.01 级铂电阻进行分

压，它带来的误差为

$$E_1 = 0.01\%$$

由于分压电阻具有相同的温度系数，因此整个分压电路对温度不敏感，由温度变化带来的误差可以忽略。

（2）A/D 采样误差。A/D 芯片采用 ADI 公司生产的 AD7606，AD7606 可描述为 16 位、8 通道同步采样，最高采样率可达 200kSPS 的数据采集系统。本项目采用 Analog Device 的 ADR441B 作为 AD 的外置基准。AD441B 具有超低噪声 1.2μV（p–p）、超低温漂 $3 \times 10^{-6}/℃$ 和初始精度 $2.5V \pm 1mV$ 的特性。综上可知 A/D 采样误差为

$$E_2 = 0.024\%$$

AD7606 在 5～30℃工作条件下温度系数为 $4 \times 10^{-6}/℃$，因温度变化带来的测量误差为

$$E_3 = 0.01\%$$

（3）同步误差及其他误差。时钟同步装置同步误差小于 0.1μs，故同步信号带来的误差可以忽略。数字处理算法核心为 apFFT，算法只是对数字信号进行数学计算，理论上误差很小，可以忽略。晶振频率误差最大为 10×10^{-6}，其带来的测量误差可以忽略。

（4）不确定度评定。结合以上分析，电压测量误差主要是分压电阻误差、A/D 采样误差组成。所以电压测量不确定度为

$$E_A = \sqrt{E_1^2 + E_2^2 + E_3^2} = \sqrt{0.01\%^2 + 0.024\%^2 + 0.01\%^2} = 0.028\%$$

由上式可知测量系统对电压测量引入的误差为 0.028%，小于在线监测系统测量准确度 0.05% 的要求，满足设计要求。

2. 电流不确定度评定

电流信号测量和电压信号测量不同地方在于传感头，故电流信号采集的误差主要包括零磁通电流传感器误差、I/V 转换电路误差、A/D 采样误差、晶振误差、同步误差以及算法误差。零磁通电流传感器准确度为 0.02 级，I/V 转换电路采用 0.01 级铂电阻，故由传感头何转换电路引入的测量误差为

$$E_4 = 0.02\%$$

$$E_5 = 0.01\%$$

则电流测量不确定度为

$$E_B = \sqrt{E_2^2 + E_3^2 + E_4^2 + E_5^2} = \sqrt{0.024\%^2 + 0.01\%^2 + 0.02\%^2 + 0.01\%^2} = 0.034\%$$

可知，测量系统对电流信号测量带来的误差为 0.034%，能够满足在线监测系统准确度 0.05% 的设计要求。

8.2.6 软件分析系统设计

软件分析系统主要由站内服务器、远程接收端以及分析软件组成。它的主要功能是将采集、处理后的数据界面化进行展示，并实现一定的数据分析功能。现将后台分析系统的主要功能介绍如下：

（1）拓扑信息展示功能。拓扑信息显示变电站的一次接线图，可实时显示计量装置等监测对象实时运行状态信息。

（2）实时误差信息显示功能。实时误差信息显示可以给予直观、实时变化的误差数据。在该界面可以查看所比对互感器的实时数据和环境数据，包括互感器电压、比差、角差、温度、湿度、磁场和振动数据。

（3）实时介损信息显示功能。实时介损信息显示可以给予直观、实时变化的介损数据。在该界面可以查看所监测互感器的介损相关数据，包括介损值、主电容电流、电容、温度、湿度、磁场和振动数据。

（4）误差统计功能。误差统计是对数据进行初步统计，以得出数据间的一些初步关联性，以便于进一步分析。在该界面可对指定条件（温度、湿度、磁场、振动和误差范围等）的数据进行统计，统计的结果包括环境量的变化情况，误差的分布范围、误差随时间或者环境量的变化情况。

（5）介损统计功能。介损统计可以对数据进行初步统计，以得出数据间的一些初步关联性，以便于进一步分析。在该界面可对指定条件（温度、湿度、磁场、振动和介损范围等）的数据进行统计，统计的结果包括环境量的变化情况，介损值的分布、主电容电流的分布、主电容电流和介损值随时间或者环境量的变化。

（6）数据故障录波功能。数据故障录波能查看误差超差或者定时录播的原始波形。

（7）首周波数据展示功能。首周波数据展示可查看每个同步脉冲过来时的第一个周波和相关的环境量数据。

（8）气象站信息显示功能。气象站信息显示可以对变电站的温度、相对湿度、气压、太阳辐射、紫外线、风速、风向、降水量、光照、露点等信息进行收集和展示。

（9）预警功能。预警根据预先设好的阈值，当监测到的误差值、介损值等参量超过阈值时，将会以声、光方式进行报警，从而提醒工作人员进行查看。

8.3 现场应用

为对在线监测系统进行详细阐述，以 500kV 新都桥变电站的现场应用为例对系统的安装、使用进行说明。

8.3.1 500kV 新都桥变电站概况

500kV 新都桥变电站地处甘孜州康定县新都桥镇，海拔 3600m，昼夜温差 20℃，年最大温差可达 50℃。该变电站是"电力天路"的核心站点，同时也是川藏联网工程的重要节点。该站目前有 2 台 1000MVA 主变压器，500kV 开关 8 台，出线 2 回至甘谷地开关站；220kV 室内 GIS 出线 5 回。变电站实景图如图 8-8所示。

图 8-8　变电站实景图

8.3.2 在线监测系统的现场安装

基于综合参量的电容式电压互感器（CVT）在线监测装置在 500kV 新都桥变电站的 500kV 侧和 220kV 侧各安装一套。安装的系统主要包括：零磁通电流互感器、监测装置 ADU-100、数据处理装置 DPU-100、时钟同步装置 TDU-200、环境监测装置 EMU-100、气象站、交换机、摄像头、服务器以及远程接收端。

1. 零磁通电流互感器的安装

零磁通电流互感器安装在各相 CVT 二次接线盒内，将 CVT 主电容器末端 N 与接地的硬连接断开，将零磁通串联进去。零磁通所取电流经过电缆传到智能柜内，由智能柜内新装的采集设备实现时钟同步和模数转换。现场所用零磁通一次穿心 4 匝，变比为 250∶1。尺寸图、实物图以及安装图如图 8-9 ~ 图 8-11 所示。

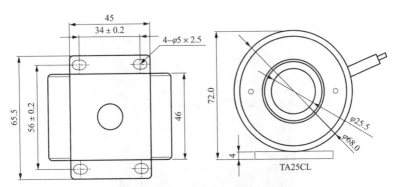

图 8-9　零磁通电流互感器尺寸图

图 8-10　零磁通电流互感器实物图

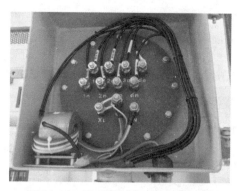

图 8-11　零磁通电流互感器安装图

2. 数据监测装置 ADU-100 的安装

数据监测装置 ADU-100 安装在 CVT 场地内的智能柜内（母线 TV 类似），该装置对现场 CVT A、B、C 相泄漏电流、计量电压，以及 B 相环境监测数据进行采集，该装置接收来自通信室的 IRIG-B 同步信号，并将数据报文通过光纤传输到通信室。现场安装图如图 8-12 所示。

图 8-12　数据监测装置安装图

3. 环境监测装置 EMU-100 的安装

环境监测装置 EMU-100 安装在 B 相 CVT 的下方支柱上，离地距离 1.5m，环境监测装置采用最小化的单片机系统，装置内部集成磁场传感器、电场传感器、温湿度传感器、三轴加速度传感器。装置的电源接口、通信接口均设有防雷保护措施，所采集信息通过信号线传输到智能柜内的监测装置 ADU-100。实物图及安装图如图 8-13、图 8-14 所示。

图 8-13　环境监测装置实物图

图 8-14　环境监测装置安装图

4.气象站的安装

为了监测变电站内的雨量、日照等共性参量以及将温度等参量与环境监测装置所测数据做校对，在变电站内的空旷空置安装了小型气象站。该气象站降水量监测单元与其他单元分两个基座安装。气象站所监测数据直接通过数据线将数据传至交换机进行处理。气象站安装图如图 8-15 所示。

图 8-15　气象站安装图

5.屏柜的安装

数据处理装置 DPU-100、时钟同步装置 TDU-200、交换机、服务器全部集中到屏柜中，屏柜为了通信方便安装在站内通信室内。尺寸图及安装图如图 8-16、图 8-17 所示。

图 8-16　屏柜尺寸图

图 8-17　屏柜安装图

8.3.3 在线监测数据分析

1. 监测结果回归分析

为研究环境参量对 CVT 运行特性的影响规律，将监测数据利用统计方法进行回归分析。首先对数据进行清洗，去除错误数据以免影响分析结果的正确性，然后进行主成分分析和回归分析。此节分析对象为 220kV Ⅰ 段母线 CVT，将在线采集数据 60min 的平均值作为一个分析数据点。

（1）数据清洗。原始数据中存在着一定数量的错误数据，这些错误数据大幅度地偏离正常数值，若不清洗，将严重影响数据分析结果的正确性。数据清洗采用物理判别法和统计判别法中的拉依达法进行。以一个月内温度数据为例，如图 8-18、图 8-19 所示。

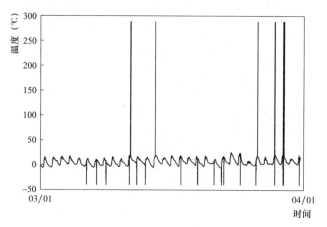

图 8-18　清洗前数据

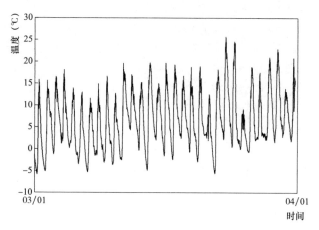

图 8-19　清洗后数据

（2）主成因分析。为分析温度、湿度、比差、角差、介损、电容电流、电容、频率各个参量间的关系和各自的作用，将各参量的测量数据使用奇异值矩阵分解的方法进行正交线性变换，形成线性不相关的新参量，而部分新参量能够表征绝大多数的数据特征，从而实现降维。

（3）回归分析。回归方程分别如下：

1）因变量为介损角正切值。

线性回归方程

$$\tan\delta = 0.57156 - 0.00032t + 0.00037\varphi \qquad (8-1)$$

非线性回归方程

$$\tan\delta = 0.5573 - 7.1035 \times 10^{-4}t + 3.5881 \times 10^{-5}\,t^2 + 1.0079 \times$$
$$10^{-3}\varphi - 5.4351 \times 10^{-6}\varphi^2 - 6.4795 \times 10^{-4}t\varphi \tag{8-2}$$

式中　$\tan\delta$——介质损耗角正切值；

　　　t——温度，℃；

　　　φ——相对湿度，%RH。

非线性回归方程的二次项系统非常小，因此可认为介损为因变量，温度、湿度为自变量的回归方程可用线性方程来拟合。

2）因变量为电容量。

线性回归方程

$$C = 5178 - 1.0290t - 0.00617\varphi \tag{8-3}$$

非线性回归方程

$$C = 5175.7347 - 0.9735t + 3.29201 \times 10^{-3}t^2 + 7.6402 \times$$
$$10^{-2}\varphi - 5.7663 \times 10^{-4}\,\varphi^2 - 2.8255 \times 10^{-3}t\varphi \tag{8-4}$$

式中　C——电容量，pF。

非线性回归方程的二次项系数非常小，因此可认为电容为因变量，温度、湿度为自变量的回归方程可用线性方程来拟合。

3）因变量为比差。

线性回归方程

$$f = -0.09482 + 0.00168t + 0.00053\varphi \tag{8-5}$$

非线性回归方程

$$f = 0.0185 + 0.0005t - 0.0025\varphi - 0.00002t^2 - 0.00003\varphi^2 \tag{8-6}$$

式中　f——互感器比差，%。

非线性回归方程的二次项系数非常小，因此可认为比差为因变量，温度、湿度为自变量的回归方程可用线性方程来拟合。

4）因变量为角差。

线性回归方程

$$\delta = -17.19291 + 0.08881t + 0.00157\varphi \tag{8-7}$$

非线性回归方程

$$\delta = -17.1808 + 8.9456 \times 10^{-2}t - 7.3708 \times 10^{-5}t^2 + 1.3064 \times$$
$$10^{-3}\varphi + 6.5872 \times 10^{-8}\varphi^2 + 1.9776 \times 10^{-5}t\varphi \tag{8-8}$$

式中 δ——互感器角差，（'）。

非线性回归方程的二次项系数非常小，因此可认为角差为因变量，温度、湿度为自变量的回归方程可用线性方程来拟合。

2. 双重回归分析法的有效性验证

以下面的 220kV Ⅰ 段母线 6 个月内的实采数据来说明对分析过程：

首先进行数据清洗并画出了比差与温度湿度数据的多项式回归分析，如图 8-20 所示。

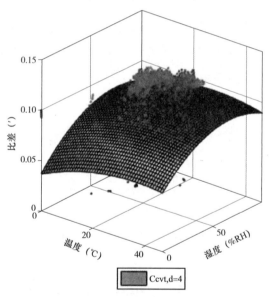

图 8-20 220kV Ⅰ 段母线 CVT A 相比差

$$f = 0.08687 - 0.00061t + 0.000433\varphi + 5.28 \times 10^{-6}t^2 + 8.79 \times$$
$$10^{-6}t\varphi - 4.11 \times 10^{-6}\varphi^2 \tag{8-9}$$

可以发现图中出现了一些距离拟合曲面较远的点，所以绘出了时间与比差的关系，如图 8-21 所示。

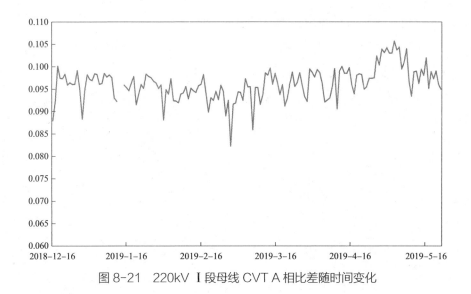

图 8-21 220kV Ⅰ段母线 CVT A 相比差随时间变化

可以发现在时间轴上比差出现了一些波动，正是这些波动反映在比差与温度、湿度的多项式回归图像上才出现了这些距离其他点较远的点的数据，因此采用了一种新的双重回归分析的方法。

双重回归分析旨在可以看出比差与时间、温度、湿度之间的关系，其主要思维是先对比差与温度湿度进行一次回归，在得出回归方程的系数后，分别对常数项、温度系数、湿度系数与时间进行第二次回归，这样就可以提取出时间对比差的影响，如图 8-22 所示。

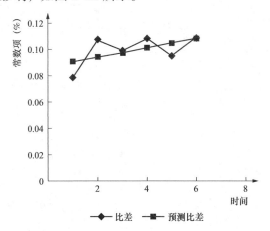

图 8-22 220kV Ⅰ段母线 CVT A 相时间对比差影响

这时便提取出了时间对比差的影响。此时：

$$f = 0.087226 + 0.003468T + 0.000122 \times t - 2 \times 10^{-5}\varphi \qquad (8\text{-}10)$$

式中 T——时间，月数（M）。

进一步地，采用双重回归分析法对 220kV Ⅰ 段母线其他相的监测数据进行分析，可以得到如图 8-23 ~ 图 8-27 结果。

（1）比差。计算式为

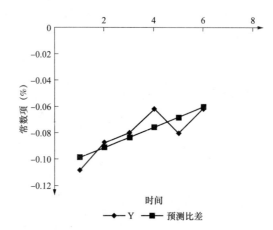

图 8-23   220kV Ⅰ 段母线 CVT B 相时间对比差影响

$$f = -0.1068 + 0.007726T + 0.001088t - 8.2 \times 10^{-5}\varphi \qquad (8\text{-}11)$$

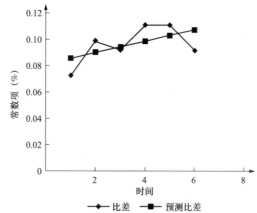

图 8-24   220kV Ⅰ 段母线 CVT C 相时间对比差影响

$$f = 0.081385 + 0.00428523T + 0.00061667t - 3.6 \times 10^{-6}\varphi \qquad (8\text{-}12)$$

（2）角差。计算式为

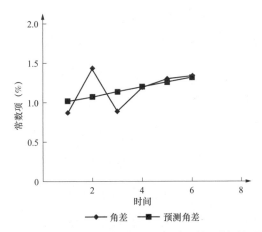

图 8-25   220kV Ⅰ 段母线 CVT A 相时间对角差影响

$$\delta = 0.947382 + 0.062131T + 0.015237t + 0.007057\varphi \qquad (8\text{-}13)$$

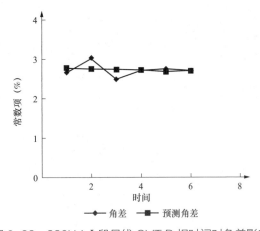

图 8-26   220kV Ⅰ 段母线 CVT B 相时间对角差影响

$$\delta = 2.780485 - 0.01765T + 0.004143t + 0.002148\varphi \qquad (8\text{-}14)$$

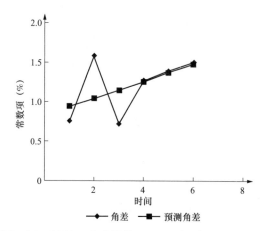

图 8-27　220kV Ⅰ 段母线 CVT C 相时间对角差影响

$$\delta = 0.83974 - 0.102789T + 0.021793t + 0.008642\varphi \qquad (8-15)$$

通过上述对比结果可以发现，采用双重回归法预测分析 500kV 新都桥站 220kV Ⅰ 段母线 CVT A、B、C 相半年内比差和角差变化趋势，可以准确反映该间隔 CVT 的性能情况，验证了该技术的有效性。

参 考 文 献

[1] 郑玉平. 智能变电站二次设备与技术 [M]. 北京：中国电力出版社，2015.

[2] 宋佳迎. IEC 62056 与 DL/T 645 协议转换器及其应用层软件的研究与实现 [D]. 济南：山东大学，2012.

[3] 黄新红. "综合相对测量法" 于介质损耗在线检测中的应用 [J]. 高压电器，2001（6），1–3.

[4] 郝建，廖瑞金，杨丽君，等. 应用频域介电谱法的变压器油纸绝缘老化状态评估 [J]. 电网技术，2011（7）：187–193.

[5] 时德钢，刘晔，张丽平，等. 高电压等级电压互感器综述 [J]. 变压器，2003（6），11–14.

[6] 王福刚，曾兵，葛良全，等. 高压互感器局部放电原因分析 [J]. 高压电器，2008（1），73–75.

[7] 许坤，周建华，茹秋实，等. 变压器油中溶解气体在线监测技术发展与展望 [J]. 高电压技术，2005（8），30–32.

[8] 张蓬鹤，邓泽官，王龙华，等. 计量用互感器在线监测系统的研制 [J]. 电测与仪表，2009.46（523）：41–44.

[9] 王超，吕小静，舒乃秋. 现代介质损耗测量技术分析及应用 [J]. 国际电力，2003（6）：42–44.

[10] 李国庆，庄重，王振浩. 电容型电气设备介质损耗角的在线监测 [J]. 电网技术，2007（7）：55–58，68.

[11] 徐志钮，律方成，赵丽娟. 基于加汉宁窗插值的谐波分析法用于介损角测量的分析 [J]. 电力系统自动化，2006（2）：81–85.

[12] 王微乐，李福祺，谈克雄. 测量介质损耗角的高阶正弦拟合算法 [J]. 清华大学学报（自然科学版）.2001（9）：5-8.

[13] 左自强，徐阳，曹晓珑，等. 计算电容型设备介质损耗因数的相关函数法的改进 [J]. 电网技术，2004（18）：53-57.

[14] 郑含博. 变压器状态评估及故障诊断方法研究 [D]. 重庆：重庆大学，2012.

[15] 张国云. 支持向量机算法及其应用研究 [D]. 长沙：湖南大学，2006.

[16] 廖瑞金，王谦，骆思佳，等. 基于模糊综合评判的电力变压器运行状态评估模型 [J]. 电力系统自动化，2008（3）：70-75.

[17] 陈维荣，宋永华，孙锦鑫. 电力系统设备状态监测的概念及现状 [J]. 电网技术，2000（11）：12-17.

[18] 赵晓辉，杨景刚，路秀丽，等. 油中局部放电检测脉冲电流法与超高频法比较 [J]. 高电压技术，2008（7）：1401-1404.

[19] 张宇鹏. 电气设备局部放电的超声波检测方法研究 [D]. 重庆：重庆大学，2009.

[20] 钱勇，黄成军，江秀臣，等. 基于超高频法的 GIS 局部放电在线监测研究现状及展望 [J]. 电网技术，2005（1）：40-43，55.

[21] 孙褆，舒开旗，刘建华. 电能计量新技术与应用 [M]. 北京：中国电力出版社，2010.

[22] 凌子恕. 高压互感器技术手册 [M]. 北京：中国电力出版社，2005.

[23] 王月志. 电能计量技术 [M]. 北京：中国电力出版社，2007.